U0044342

CAFÉ DU MÉTRO

BRASSERIE DU LOUVRE

甜蜜巴黎
SWEET PARIS
美好的法式糕點傳奇、食譜和最佳餐廳

文字＆攝影 麥可保羅　翻譯 夏綠

朱雀文化

ROLLET PRADIER

278
BOULANGERIE

目錄
CONTENTS

ARROUSEL
DE PARIS

I love Paris

迷戀巴黎

還沒到巴黎，我就已經愛上這座城市了。在南半球長大的我，小時候一直待在只有男生的寄宿學校裡，直到懵懂的 14 歲時，我被送到妮克絲老師的舞蹈教室學習社交禮儀，才有了與異性接觸的機會。我緊張地抓著女同學冒汗的手，笨拙地試圖輕快舞動。從第一堂課開始，老師便重複播放 Cole Porter 的《I Love Paris》，事到如今，我還是懷疑她只有這張唱片。我們隨著艾拉．費茲傑羅（Ella Fitzgerald）慵懶的聲線跳著華爾滋、狐步舞、蘇格蘭鄉村舞，連奇妙的快樂哥斯頓舞都學了。我根本沒在管自己的舞步有多可笑，一心享受著天堂般的愉悅心情，因為我的世界多了女生。《I Love Paris》無疑成了我青少年荷爾蒙的配樂，從那時開始，我也愛上了巴黎。

多年後我移居倫敦，也終於首次踏進巴黎，重新點燃我對這個城市的迷戀。採訪巴黎的機會接踵而來，但我很快就意識到，要真正了解巴黎，就不能再當個只是手持旅遊指南的觀光客，否則對這座城市的理解永遠都只停留在蜻蜓點水。要熟悉這個法國首都，我得成為這座城市的肌理，融入其中，找到被遺忘的隱蔽處——那些遊客、甚至連當地人都不知道的地方。因著漫步巴黎街頭的愛好和匿名的渴望，我成了一名「flâneur」，也就是**漫遊者**。法國詩人波特萊爾筆下的**漫遊者**，是一位透過在城市中漫步來體驗城市的人。城市中的後巷和秘密通道引誘我漫無目的地四處漫遊，尋找冒險和啟發想像的刺激。

居民會告訴你，巴黎是一座行人的都市，若想看盡巴黎所有面貌，唯一的方法就是用雙腳走過這座城市的大街小巷。人們對巴黎的印象大多停留在那些凱旋的地標和古典建築，但身為攝影師的我卻被城市中的細節所吸引。上帝必定特別注重這座城市裡的細節，而非只著眼於那些宏偉的建設。

別誤會！我跟許多人一樣，對巴黎的全景、華麗建築和幾何秩序都敬畏三分，世界上僅有少數幾座城市能擁有如此魅力。我也對法式秩序深感著迷：完美的對稱、遊行隊伍般的樹木、一排排整齊的街燈柱。這一切都見證了拿破崙三世和奧斯曼男爵如何將這座城市精心打理地一絲不苟。

然而巴黎無數耐人尋味的細節，才是擄獲我相機的底片殺手，從金欄杆、優雅的字體、美好時代風格裝潢，到各式路牌、蕾絲窗簾、咖啡廳椅子……每件事物都滿足了不同的感官之胃。說到胃口，當**漫遊者**是很容易餓的！抑制不住對甜品的渴望，我自顧自進入巴黎滿街的咖啡廳、茶室、巧克力店和糕點店。越常漫遊街頭，我對巴黎糕點、巧克力和甜點的熱愛便更加強烈。於是，一段新戀情開始了，我愛上了甜蜜巴黎。

巴黎的糕點、蛋糕、巧克力全都色香味俱全，不只美味，也美麗，緊緊抓住我作為食物攝影師的味蕾。巴黎不僅是全球時尚和文化中心，也是精品巧克力之都，每年舉辦的**巧克力沙龍商展**（Salon du Chocolat）更頌揚了這座可可之都超群的精湛手藝。如今巧克力在法國是**上流社會**和政界關注的新潮食品，更重要的是，巧克力在巴黎優秀的巧克力師傅手中，已成為極端的簡約或華麗風味。巴黎糕點的發展也處於相同階段，美食大師如 Pierre Hermé 將蛋糕和甜點推上全新的美味境界，歷史悠久的知名茶室也持續引誘世界各地的享樂玩家。

巴黎數不盡的甜點製作者，展現了只有法國才能夠達致的絕佳技藝。然而，這些美味佳餚的價格仍然實惠。許多遊客及當地巴黎人是無法負擔高級料理餐廳的，幸運的是，大部分的人都還買得起只要幾歐元的**馬卡龍**，即使是濃郁的巧克力**閃電泡芙**、**千層酥**或**蒙布朗**，也在多數人可負擔的範圍內。這些可食用的藝術品宛如櫥窗中的耀眼寶石，也許你和我一樣，曾發現自己流著口水、鼻子貼著糕餅店櫥窗，就是無法決定買什麼？在這本書中，我試著描述這些甜點，同時分享關於它們的起源、基本材料和做法。我也提供了建議和排行榜供各位參考，還收錄了一些傳統的法式食譜，讓你在家也能試試這些迷人的好東西。但是，親愛的讀者，本書並不是要成為指南或觀光導遊書，而純粹是以輕鬆的心情來探討甜蜜巴黎帶來的快樂。最後，雖然我集結了一些自己喜歡的店家地址，但這絕不是完整的名單——當作參考就好，別忘了親自去逛逛，體驗甜蜜的巴黎！

Dégustation

Le Bonheur
des

1

世界巧克力首都

The Chocolate Capital of The World

乘著一波新式創意巧克力的潮流，風格前衛的巧克力師傅以出奇的手藝帶領巴黎邁向可可之都，不再只是緊追著比利時和瑞士的小跟班。法式巧克力屬於強烈、深刻和新潮的口味，甚至可以說比較健康，因為法式加工過程中用的糖跟奶較少，主要仰賴原味的可可豆。不可否認，大家對法式巧克力的印象一定是齒頰留香的純粹口味。

新世代的巧克力大師不再只是手工師傅，而是富有造詣的藝術家。現在的媒體除了報導頂尖的大廚和**甜點大師**，也必須關注**巧克力大師**的一舉一動，和最新研發的口味。這一波巧克力熱潮再次將巴黎推上世界甜品地圖，成為愛好甜食的饕客都要前往朝聖的城市。

巴黎的現代巧克力巨星包括Patrick Roger（派翠克．羅傑）、Pierre Hermé（皮耶．艾曼）、Frank Kestener和Jacques Genin（雅克．格寧）等時常挑戰限制、堅持創新的先鋒。相較之下，工匠派大師如Jean-Paul Hévin（尚保羅．艾凡）、Michel Cluizel（米歇爾．柯茲）、Christian Constant和Michel Chaudun就是一板一眼地延續傳統。Patrick Roger的巧克力雕塑詼諧、無禮，充滿各種異想天開的主題：大猩猩、企鵝和裸體足球員都難不倒他，這一切都是他塑造高竿形象的一部分。每逢過年過節，作品的話題性和難度也都更上層樓，來娛樂大眾；老派的傳統師傅就保守地雕刻著巴黎鐵塔。可以確定的是，師傅們對於美感有志一同要求很高，每家櫥窗內的各種巧克力都是精心製作的，但價位也相對提升。

如今，時尚巧克力的魅力不減，巴黎的時髦地段每星期都有新的巧克力專賣店陸續開張。依據市區商家登記，巴黎目前有超過三百間販售巧克力的店，是販售巧克力最密集的歐洲城市。從精品巧克力大師的專賣店、糕點店、精選美食店，到連鎖的專賣店如La Maison du Chocolat、L'Atelier du Chocolat及其他獨立商家和糖果店都包含在內。在甜食文化當道的今天，巴黎無庸置疑已榮升無可取代的世界巧克力之都。

Chocolate Bars

巧克力磚

講究的巧克力行家通常會選擇巧克力磚，而非單顆巧克力（也就是所謂的夾心巧克力〔bonbon，意為糖果〕）。對他們來說，巧克力磚是最純粹、添加物最少的可可產品，**夾心巧克力**只能算是糖果。饕客鑑定巧克力的態度如同品酒，會以同樣花俏的語言來形容舌尖上的感受：果仁味、辛辣、果香，都是會被仔細記錄的細節。

高品質巧克力磚的成分通常是可可豆、糖、可可脂、香草和具乳化作用的**卵磷脂**（lecithin，即植物性油脂）。巧克力磚的做法有兩種：一是直接用可可豆製作，二是溶解**調溫巧克力**（couvertures）加工調味而成。巧克力愛好者對可可豆的品質、原產地、品種和可可脂的比例最為要求 。我的觀察是這些人似乎以65%為最低標。可可豆的原產地深深影響加工後的巧克力品質，目前最好的可可豆來自委內瑞拉、秘魯、哥斯大黎加、馬達加斯加和玻利維亞。

如果這麼多選擇讓你不知要從哪邊吃起，在巴黎時可以考慮下列行程，讓專家帶領你品嘗這個城市最值得一試的巧克力。跟隨美食家兼部落客作家大衛．樂柏衛茲（David Lebovitz）的腳步來一趟巧克力品嘗之旅！重度上癮者可以去上一堂巧克力達人Chloé Doutre-Roussel的進階課程！被朋友暱稱為「巧克力 Chloé」的她非常樂意分享，對各式巧克力如數家珍，絕對會讓你感受到她對可可的熱忱。她的個人網站也有一系列精選商品，包括獨家的玻利維亞El Ceibo巧克力磚，還有「Chloé」巧克力磚搭配她自己的茶葉。

如果你沒有時間參加課程，那就自己挑一些巧克力名店逛逛吧！請注意有些店家只賣單一產地的巧克力，融化後重新壓模製成，相同性質的可可豆導致口味變化少、稍嫌無趣。若想見識法式巧克力真正的獨特風味，我推薦到左岸聖傑曼區的Patrick Roger。這位狂野的巧克力大師選用全世界最佳原產地的可可豆來製作巧克力磚（plantation bar）。Jacques Genin、François Pralus、Michel Cluizel和Jean-Paul Hévin都有針對各原產區生產專屬的巧克力磚。口味較特殊但粉絲眾多的里昂Bernachon巧克力磚，只有在蒙馬特的童話糖果屋 L'Etoile d'Or 才有販售。

BERNACHON
Jour et nuit

Patrick Roger

NOIR • MADAGASCAR
MICHEL
CLUIZEL
1er Cru de Plantation
Mangaro
great
taste
Chocolat noir 65% • Dark chocolate
Edelbitterschokolade • Chocolate negro

JEAN-CHARLES ROCHOUX
Chocolatier
Paris
MICHEL CLUIZEL
PIERRE HERMÉ

Bonbons

夾心巧克力

所謂夾心巧克力，也就是法國人稱為「bonbon」的巧克力，帶給人們多重的快感和驚喜。雖然許多巧克力饕客不承認夾心巧克力是真正的巧克力，但我想他們其實也無法抗拒這些奢侈的享受。那夾心巧克力的定義是什麼呢？因為現在市面上只要有包餡或沾上巧克力，不管甜還鹹，都可以貼上「巧克力」的標誌。這裡主要討論的是傳統的巧克力夾心：從果仁糖（praliné，和比利時法文的praline有所區別，拼音相同但沒有尾部重音的「praline」是所有夾心巧克力的統稱。）到甘納許或杏仁糖（marzipan）都是傳統的內餡，當然也不能忘記焦糖、巧克力漿和奶油餡等讓巧克力美食家嗤之以鼻的「巧克力糖果」夾心。Mendiant是徽章狀的片狀巧克力，上面會飾以果乾和果仁。松露巧克力又是另一門學問，一球巧克力甘納許再裹上一層巧克力糖衣，最後才是可可粉。散布巴黎各角落的巧克力店內，展示台上的巧克力總是有各種口味，從甘草、咖啡到香料和甜酒都有。

身為消費者的我，對巴黎巧克力師傅的嚴謹技術、天馬行空的想像力和無比的美學創意甘拜下風，每一顆巧克力都是耗費多時的作品。巧克力大師得要經驗豐富如熟練的煉金術士，才能知道如何搭配順口的糖衣外殼和內餡；他們更要有調香師敏銳的嗅覺和侍酒師靈敏的味覺，才能找到最和諧的口感和香氣，讓品嘗巧克力成為全方位的感官體驗。

那麼，最棒的夾心巧克力要上哪去找呢？Patrick Roger再次奪冠。他不是騎著義大利重型機車在巴黎的大道上閒逛，就是在尋找特殊食材，不然就是在廚房裡創作各式令人意想不到的巧克力口味。雖然他研發的口味很現代，卻保有親民的風格，接受度非常高，不是那種會給人壓迫感的大膽口味。我最喜歡他的 Fantasy 巧克力，裡頭是奧里諾科零陵香豆（Orinco tonka）和濃郁的香草焦糖，Savage巧克力包的則是用檸檬草和日本柚子調味的柔滑焦糖。另一位天才是Pierre Hermé，將口味和質地組合拿捏得恰到好處。受到高度矚目的Jacque Genin在瑪黑區的旗艦店也相當值得一訪，店內有很多種巧克力界最棒的夾心口味。

巴黎人松露巧克力

PARISIAN CHOCOLATE TRUFFLES

對我來說，在家製作夾心巧克力過程繁瑣，手工也不比店內賣的好，所以還是留給專業巧克力師傅比較實際。但做松露巧克力則可以用另一種心情看待，過程容易上手又好玩！是很適合在家輕鬆做、送禮自用兩相宜的餐後甜點。調味上，我自己比較喜歡原味濃厚的巧克力香，但下列食譜也可隨個人喜好加入蘭姆酒、薑或其他口味。

份量：25-30 顆

內餡

250 克（9 盎司）苦甜黑巧克力

125 毫升 （4 ½ 盎司或 ½ 杯）高脂鮮奶油

1 條香草莢

裹粉

200 克（7 盎司）牛奶巧克力

2 湯匙優質可可粉

將黑巧克力塊切成碎片，放入耐熱的攪拌碗（非塑膠），以便溶解。

將鮮奶油倒入中型平底鍋。香草莢橫向對切後，用刀背輕輕刮出香草籽，和香草莢一起放入鮮奶油鍋中煮至冒泡。取出香草莢，用濾網將鮮奶油過濾進裝著巧克力的碗中，攪拌均勻至滑順。

將巧克力漿置於常溫中冷卻成濃稠的甘納許，不需進冰箱冷藏。等到甘納許呈現半硬狀態時，隔水加熱快速攪拌至濃稠乳狀。

以烘焙紙覆蓋大烤盤，用湯匙挖出約核桃大小的圓球，一顆一顆排列上烤盤，放進冰箱冷藏。同時開始準備裹粉：將牛奶巧克力放進耐熱的攪拌碗中，隔水加熱直到所有巧克力融化。將碗從火爐上移開，以布巾包覆碗底保溫。用巧克力專用溫度計測量，將巧克力醬攪拌冷卻至 30-31℃時即可使用。

將可可粉放入淺碗中，用叉子或筷子讓冷卻的巧克力球沾滿溫巧克力醬，再滾過可可粉，重複讓每顆巧克力餡都裹上一層醬和一層粉。待每顆巧克力冷卻後，松露巧克力就完成了，可直接食用。

» 隔水加熱是為了預防巧克力因加熱速度太快而燒焦，食譜中的兩種巧克力都要經由此程序溶解成液狀。在鍋子裡裝水煮沸，接著放入盛著巧克力的耐熱碗，可選擇導熱穩定的玻璃碗或鋼製碗，注意碗和鍋底之間有約 5 公分高的水，讓碗浮在水面上，不直接接觸鍋底。

2

巴黎時尚故事

Paris–A Tale for Fashion

巴黎追隨時尚潮流的態度一直與眾不同。從中世紀開始，巴黎就是一個不斷刺激想法與靈感的地方，不只主導法國的時尚，也引領全世界的潮流。這個城市對創新事物的欲望，讓潮流來去變動的速度如同子彈列車般迅速。巴爾札克說過：「巴黎人對任何事物都有興趣，但最終，他們對任何東西都不感興趣。」他們的喜好捉摸不定，唯一不變的是市場永遠無法完全滿足巴黎人對新潮流和新產品的好奇。新餐廳不停開幕，但也有許多逃不過倒閉的命運。老舊死寂的地段靠個性獨立商店、酒吧和咖啡廳便能復活，重新成為人氣最夯的地區。

全世界的消費者都正為各式法國甜點著迷，巴黎更是遊客最多的城市，每年超過三千萬名觀光客的消費，對近期巧克力和**馬卡龍**風潮到達巔峰功不可沒。除了 Ladurée 和 Angelina 兩間著名的老牌**茶室**無時無刻高朋滿座，巧克力店、糕點店和美食店也成為觀光景點。甜點之所以如此吸引人，部分源自與高級時尚產業的緊密結合，伸展台上可見模特兒身著誘人的巧克力或擺放馬卡龍。每年的巴黎時裝週正是馬卡龍的旺季，路上常見送貨車不斷快遞五彩繽紛的新鮮小扣子餅到各服裝品牌的展示間。Pierre Hermé 店內還可以買到名為「彩妝師」的禮盒。

巴黎充滿了對新奇的渴望，新糕點和甜品改良傳統的配方和製作方式，不斷在各角落的櫥窗出現。不只馬卡龍，老派的蛋白霜餅也再度獲得年輕族群的喜愛，就連家常的美式布朗尼都在法國師傅的巧手下成為精緻的甜點。最令人意外的是以裝飾取勝的杯子蛋糕，也成功收買排外又挑剔的巴黎人。說到這，不能不提到同樣源自美國的棉花糖，還好改良後的綿密法式品種「guimauve」，與原本過甜又黏牙的美式棉花糖完全不同，更像是升級的大人版。

Macarons

馬卡龍

馬卡龍代表法式甜點中的趣味和浮華。這些小不點不僅時髦、嬌貴，又令人無法抗拒。口感綿密卻帶有嚼勁，外酥內軟，馬卡龍就是要**挑逗味蕾**的點心。

小時候，媽媽在家會烤椰子小酥餅（macaroon）給我吃，一字之差，和法式的馬卡龍（macaron）卻是完全不同等級的兩種點心。法文馬卡龍一詞源自義大利文的maccarone，字源是ammaccare，意思是搗碎（指主要成分杏仁粉）。馬卡龍餅皮的做法類似蛋白霜餅，一樣是由蛋白、杏仁粉、砂糖和糖粉組成，唯一不同的是，它的形狀一面是鼓起來的圓頂，另一面是平扁的底（糕點師傅稱之為腳底）。

關於馬卡龍的由來有許多臆測，雖然得名自義大利文，外界還是傾向它發跡於法國的故事。《法國烹飪百科全書》（*Larousse Gastronomique*）中提到馬卡龍誕生於1791年，在法國中部的某個修道院；也有人認為是凱薩琳．梅迪奇（Catherine de Medici）在1533年嫁給亨利二世時帶到法國的義大利籍御用甜點師傅發明的，但若承認這個版本，馬卡龍就變成義大利的甜點了。這些故事對國家的忠誠度遠大於真實性，但可以確定的是，真正將馬卡龍發揚光大的是二十世紀初的 Pierre Desfontaines。他是 Louis Ernest Ladurée 的表侄，也是第一位將兩片馬卡龍餅夾入巧克力甘納許內餡的奇才。他將這個迷你三明治式的點心取名為「Gerbet」或「Paris macaron」（巴黎馬卡龍）。這個天堂般入口極化的組合到今天還是 Ladurée 的招牌銷售王。說到這，Ladurée 典雅茶室和精美包裝的伴手禮都是值得每位甜品愛好者體驗一下的法式浪漫（但享受過程中麻煩忽視不到位的服務態度）。

現在馬卡龍就跟巴黎鐵塔一樣，在巴黎市內隨處可見。我的伴侶便是一位重度馬卡龍控。她從事時裝採購工作，多年前開始被外派到巴黎出差，到現在應該已經吃了上百顆馬卡龍。她從來無法拒絕來自 Fauchon 如調色盤般的各種口味，這家位在瑪德蓮廣場的精品美食店，專門販售頂級法式食品。我個人認為最極致的馬卡龍在Pierre Hermé，色香味俱全，外脆內軟，夾心餡有濃郁的甘納許或調味完美的奶油餡，咬下去那瞬間立即感受到散發出的振奮快感，令人無限滿足。任何抗拒都是多餘的，人生實在不需要對這般誘人的極品說不！

LADUREE

摩卡馬卡龍

MOCHA MACARONS

這是傳統的法式馬卡龍食譜，但又另外加了點變化，讓你在家就能做出令人口水直流、帶有無法形容的「je ne sais quoi」法式風情。其實馬卡龍的製作過程比想像中簡單，最重要的是掌握馬卡龍餅液的濃稠度。最理想的馬卡龍麵糊是擠出時能自然形成亮面小釦子的狀態。太濃時可加入蛋白稀釋；而太稀時，可將餅液放置常溫中，等待一會兒再重新攪拌即可。身為馬卡龍愛好者，我喜歡飽滿的餅皮和內餡，所以我時常加入過多的內餡，但你當然可以依照自己的喜好填入適當的甘納許。提醒！在製作馬卡龍時，要記得將粉狀材料全過篩至完全沒有結塊，有時可能需要篩許多次。最後切記：馬卡龍在室溫下食用最佳。

份量：15 顆馬卡龍

杏仁馬卡龍餅

100 克（3 ½ 盎司）杏仁粉

100 克（3 ½ 盎司）糖粉

2 湯匙無糖可可粉

3 顆蛋白，常溫

100 克（3 ½ 盎司）砂糖

1 茶匙即溶咖啡

甘納許餡料

125 克（4 ½ 盎司）苦甜黑巧克力

60 毫升（2 盎司）高脂鮮奶油

2 湯匙咖啡酒（建議用 Kahlua 或 Tia Maria）

烤箱預熱至 180℃／350 ℉／瓦斯烤箱溫度 4。在烤盤內鋪上雙層烘焙紙。

用食物處理機或果汁機將杏仁粉、糖粉和可可粉打碎，接著過篩到完全無結塊，倒進大碗中。

在另一個大攪拌碗中，用電動打蛋器將蛋白打發至微硬、倒扣也不滴落的程度。繼續再打 2 分鐘，中間加入砂糖和即溶咖啡粉。最後的質地應該是非常扎實的蛋白霜。

將第一步驟準備的混合粉末輕巧地由下往上攪拌進蛋白霜，這樣比較不會破壞蛋白霜中的空氣，能保持膨脹的效果。攪拌均勻時（應該看不到蛋白霜的白色了），將餅皮麵糊裝進 1 公分（半吋）開口的擠花袋中。在烘焙紙上擠約 30 顆寬 3 公分（1 吋）的圓釦子，麵糊份量大約是 1 茶匙，每個圓之間最好間隔 3 公分（1 吋）。在烘焙紙上擠滿餅皮後，輕彈烘焙紙的表面好去除麵糊中的泡泡。放進烤箱，烘焙時間約 15 分鐘。拿出烤箱後要等到完全冷卻才能取下。

烘烤餅皮時，就可以開始製作甘納許餡料。先將巧克力用刀切碎，放入耐熱碗中。將鮮奶油倒入中型平底鍋，加熱至滾。將鍋子移開火爐後再加入咖啡酒，接著再整鍋倒進巧克力中。輕輕劃圓攪拌至光滑均勻。

置於常溫冷卻，不要放進冰箱。降溫後，將濃稠的巧克力甘納許裝入 1.5 公分（¾ 吋）開口的擠花袋中。開始做夾心的動作：先將甘納許擠上一塊餅皮，再取另一片餅皮夾住內餡，重複直到餅皮用完。

將馬卡龍置於常溫約半天，待餅皮和內餡結合後再食用最佳。

Pierre Hermé

皮耶・艾曼

Pierre Hermé是巴黎眾所周知最有創意和才華的甜點師傅，是甜點世界裡天生的藝術家。他之所以值得這番美譽，不只是因為他是有史以來最年輕的法國年度甜點師傅、受封法國最高榮譽**騎士勳章**，更因為他的確是無懈可擊的天才。多年的職業生涯中，他被冠上各式頭銜，有些人稱他為「糕點的畢卡索」，也有人說他是「感受的建築師」或「甜點界的迪奧」。

雖然Pierre Hermé最著名的作品是令人驚艷的馬卡龍，但他對巧克力和糕點也展現出高人一等的天分。他的專長是混搭口味：大膽地結合不協調的風味與香氣，誰會想到結合蘆筍和榛果油做成馬卡龍內餡？然而他比其他人更明白互補的質地和混搭口味是同樣重要的。

Hermé先生的傳奇，要從他十四歲在現代糕點之父Gaston Lenôtre身邊當學徒時說起。至今，他仍然認為師父Lenôtre是對他的職業生涯最有影響力的人。二十四歲之後的十一年，他在Fauchon擔任糕點行政主廚。接下來，Ladurée副總裁的頭銜讓他盡情發揮，創造各式甜點，從烘焙坊到巧克力工坊都歸他管理。在他的帶領下，Ladurée更擴大營業，開創華麗的連鎖店面。1998年時，他創立了自己的公司，Pierre Hermé Paris首間實體店面坐落在日本東京。巴黎rue Bonaparte上的店面到2002年才正式開張，魅力席捲世界金字塔頂端的消費者。為了一嘗Pierre Hermé的著名甜品，時尚名模、電影導演、電子新貴、搖滾巨星、石油大亨或貴氣的俄國名媛都願意暫時拋下維持身材的輕食，乖乖與你我一起在門外排隊。

店裡的經典之一是焦糖馬卡龍，兩片淺咖啡色的餅皮夾著有奶油香的**鹽之花**焦糖內餡，和諧的口感帶來完美的感受。高人氣的代表作一直都是Ispahan：一個大型玫瑰馬卡龍，夾心則是新鮮覆盆子搭配以荔枝調味的玫瑰花瓣鮮奶油。我很樂意吃下一整個當作我的最後一餐，如此我便可以開心地離世。巧克力控則應該試試Plaisir Sucrés，如一首巧妙的交響樂曲，搭配dacquoise餅乾、脆脆的榛果、牛奶巧克力甘納許威化薄餅和牛奶巧克力香緹鮮奶油。 他的夾心巧克力更是獨樹一格，Croquants au Praliné是巧克力牛軋糖和果仁糖全用巧克力包起來的現代巨作，Assortiment de Chocolats au Macaron是馬卡龍內餡的夾心巧克力，也是獨家的好味道。

Pierre Hermé已成為法國家喻戶曉的名字，巴黎市區內有多家專賣店，全以獨特的風格布置，不過旗艦店分別是位在左岸聖傑曼區聖蘇必斯教堂旁的rue Bonaparte和第15區的rue de Vaugirard上，這兩家才買得到每日新鮮出爐的限定麵包糕點。

PIERRE HERMÉ
PARIS

PIERRE HERMÉ
PARIS

Cupcakes

杯子蛋糕

對傳統法式糕點擁護者來說，杯子蛋糕在法國市場的崛起完全出乎意料。花俏的杯子蛋糕專賣店近幾年在巴黎越開越多家，搭上世界同步的杯子蛋糕熱潮，一堆人不顧一切瘋狂追求這種高熱量的蛋糕一解糖癮。

杯子蛋糕透過浮誇吸睛的外表和滿滿的糖霜，不用猜也知道這一定是美國人的發明。雖然沒有明確記載由來，Amelia Simms 在 1796 年出版的《美式烹飪》（*American Cookery*）提到用杯子為烘焙模型的製作方法。但「杯子蛋糕」這個名詞應該是 1828 年在 Eliza Leslie《七十五種糕點、蛋糕和糖果蜜餞食譜》（*Seventy-five Recipes for Pastry, Cakes, and Sweetmeats*）中才正式出現的。類似的做法同時期也能在英國食譜書中找到。

週末的rue Rambuteau路上，Berko烘焙坊讓挑嘴的巴黎人願意為了一口美式的悠閒在門外大排長龍。這間法式美國風的糕點舖專賣上頭裝飾著美國糖果的深紅色、亮粉紅或螢光綠等顏色的杯子蛋糕，連 Oreo 夾心餅乾口味的杯子蛋糕都有。紐約起司蛋糕是他們另一項主打，這個道地厚實的美國家鄉口味是用真正的Philadelphia乾酪為內餡，加上碎全麥餅乾做的餅皮。

河對岸的 Synie's Cupcakes 櫥窗總是放滿店主 Synie 俏麗的作品，讓路人目不轉睛。無論是生薑檸檬、焦糖海鹽或薰衣草配上食用花，這些口味的組合都會在你的舌尖上舞動。若想嘗試點不一樣的，可以考慮更大膽創新的鹹杯子蛋糕，口味有焦糖洋蔥起司、紅胡椒佐松子，甚至還有芝麻佐香料和**白乳酪**。Synie 是值得大家關注的一位勇於嘗試的糕點師。

在 Pigalle 山坡上，有一間蛋糕專賣小店 Chloé S.，店內裝潢像店主人一樣瀟灑熱情。在這個滿是粉紅色的空間展示瘋狂媚俗的杯子蛋糕文化再適合不過，不過蛋糕教母貝蒂（Betty Crocker）若地下有知，可能會窘得滿臉通紅。店內較風騷的口味是 Florane，由巧克力、洋梨和焦糖飾以焦糖奶油糖霜所組成；比較保守的 Betty 則是花生巧克力蛋糕加上花生奶油糖霜。

杯子蛋糕熱潮依然不減，傳統法式糕點擁護者在訝異之餘，杯子蛋糕早已入侵傳統糕點店和冰淇淋舖，甚至大型連鎖超商 Monoprix 都可見這些圓鼓鼓的身影。只能說甜滋滋的杯子蛋糕魅力實在太強大了，我們躲也躲不掉！

Synie's

巧克力杯子蛋糕佐玫瑰棉花糖霜

CHOCOLATE CUPCAKES WITH ROSE MARSHMALLOW TOPPING

我個人不是很喜歡市面上常見的杯子蛋糕，我對無趣乏味的海綿蛋糕體再疊上過甜的糖霜真的不太感興趣。既然巴黎甜點界現在正流行布朗尼和棉花糖，我想分享一個結合這兩種元素的食譜應該很不錯！用濃郁的巧克力蛋糕加上玫瑰香氣的棉花糖來做一個比較高雅成熟的版本。調味用的玫瑰露在烘焙材料行或進口食品店都可以買到。裝飾上，我選用糖玫瑰花瓣（sugaredrosepetal），你也可依自己的喜好做變化。

份量：12 個杯子蛋糕

布朗尼

60 克（2 ¼ 盎司）苦甜黑巧克力
60 克（2 ¼ 盎司）切丁無鹽奶油
60 克（2 ¼ 盎司）細砂糖
1 顆雞蛋
35 克（1 ¼ 盎司）中筋麵粉
1 ½ 湯匙可可粉
¼ 茶匙泡打粉

糖霜

200 克（7 盎司）細砂糖
250 毫升（9 盎司／1 杯）飲用水
1 湯匙葡萄糖漿
1 茶匙吉利丁粉
2 顆蛋白（大）
3 茶匙玫瑰露

裝飾用糖玫瑰花瓣，依喜好擺放

烤箱預熱至 160℃／ 325 ℉／瓦斯烤箱溫度 3。在 12 個瑪芬烤盤內放進烘焙杯模紙。

用小平底鍋將巧克力和奶油以小火溶解，攪拌均勻即可關火。

等待前一步驟的液化巧克力奶油冷卻後，將砂糖、蛋、麵粉、可可粉和泡打粉倒入大攪拌碗。接著將巧克力奶油加進麵糊中，攪拌至完全均勻。

用湯匙把蛋糕麵糊裝進模具中，大約五分滿即可。放入烤箱烤 10 ～ 12 分鐘到中心也熟透。拿出烤箱，放置常溫至完全冷卻。

玫瑰棉花糖霜：將糖、水、葡萄糖漿和吉利丁粉用小平底鍋加熱，輕輕攪拌。滾開冒泡後，用小火再燜煮五分鐘。關火，等待降溫。

用電動打蛋器將蛋白打發到有點硬的質地，一邊慢慢加入熱糖漿，一邊持續打發。糖霜會逐漸呈現亮面的色澤，變得比較稠，加入玫瑰露再打發 5 ～ 10 分鐘。最後糖霜的白色泡沫要能夠停留在打蛋器上，不輕易滑落。

用擠花袋或湯匙將糖霜塗上蛋糕，冷藏直到糖霜固定在蛋糕上。如果想要典雅一點，可用糖玫瑰花瓣裝飾。

Meringues and Brownies

蛋白霜餅和布朗尼

蛋白霜餅曾經是眾人喜愛的週末甜點，每到週日休假時就要來上一塊，旁邊還要加上現打的一大匙香緹鮮奶油。後來蛋白霜餅卻如過氣明星，一度淪落為陪襯蒙布朗和其他甜點的配角。

「Meringue」這個名字的由來是個謎，有些人深信是從Saxe-Coburg的Möhringen城流傳下來的，其他人相信是從瑞士Bern區中的Meiringen創始的。

故事是這樣的：有次瑞士廚師Casparini手邊有些剩下的蛋白，便決定將這些與糖粉打發後放進烤箱。出來的成品是帶點甜味的爽口餅乾，放進嘴裡有吃到空氣輕飄飄的感覺。現在的拼音最先出現在François Massialot 1691年的食譜《*Nouveau Cuisinier Royal et Bourgeois*》。如果你覺得這一切聽起來有點像是屁話，那麼你是對的——法國羅亞爾地區的人就是這樣稱呼慢烤蛋白霜餅。他們叫它「pet」，也就是法文的「屁」！應該是因為蛋白霜餅空氣般的口感！

19世紀的**高級料理**之父Antonin Carême，是第一個將蛋白霜餅做成細緻花式形狀的人。在他研發出用尖嘴擠花袋來製作蛋白霜餅之前，通用的方式是用兩隻湯匙做簡單自然的塑形，做出像雲朵般圓圓胖胖的形狀。一直以來，巴黎滿街的糕點店都有販售一丘一丘的小白山，我過去都傻傻認為這些蛋白霜餅是讓人買回家做甜點用的，而不是直接單吃。現在，蛋白霜餅再次成為精緻的甜點。Au Merveilleux de Fred就是專賣現代版蛋白霜餅的店。Frédéric Vaucamp師承Lenôtre，早期在里拉（Lille）城開了自己的蛋白霜餅店，才往北到巴黎發展。店內取名為Le Marveilleux（神奇）、L'Incroyable（不可思議）、L'Impensable（難以想像）等誘人的甜點，證明現代的蛋白霜餅是可以很時尚有趣的，再也不是過去簡單的蛋白和糖了。

最能代表美式家常點心的除了肉桂蘋果派，就是吃了會滿口變黑的巧克力布朗尼了。近幾年美國文化陸續成功進軍法國，帶來了代表性的杯子蛋糕、起司漢堡和Ralph Lauren。現在巧克力布朗尼受歡迎的程度已經要逼近剛出爐的長棍麵包了，無論是駐法美籍人士或當地的巴黎人都人手一塊。巴黎傳統的麵包店、糕點坊和茶室都抵抗不了這些美式威力，將布朗尼列入菜單內。

在巴黎，布朗尼大多是用黑巧克力為主要食材，外加果仁、牛奶或白巧克力，甚至開心果和香蕉都可能出現！也可以找到牛奶巧克力口味的布朗尼。若想要美式家庭的手工味，可以去蒙巴那斯的Bagels & Brownies。第8區的日式烘焙坊La Petit Rose的布朗尼也超好吃！

現代蛋白霜餅

MERINGUES MODERNES

這個改良版的蛋白霜餅，跟滿街的巴黎糕餅店販售的傳統蛋白霜餅有點不同。傳統的法式食譜只用純蛋白和糖粉，雖然能烘烤出酥脆的口感，但食用時很容易粉碎成屑屑。相較之下，我們澳洲人對蛋白霜餅的要求很高，對於能否達到入口即化、外脆內軟的口感很是挑剔。基於我個人的文化背景，我覺得有責任要分享這種比較綿密的蛋白霜餅，同時加上棉花糖般的內餡，請各位務必試試！

份量：12 個蛋白霜餅

蛋白霜餅

4 顆蛋白

120 克（4 1/4 盎司或 1/2 杯）細砂糖

1/2 茶匙濃縮香草精

1 茶匙白酒醋

110 克（3 3/4 盎司）糖粉

內餡

150 克（5 1/2 盎司）新鮮覆盆子

2 茶匙細砂糖

125 克（4 1/2 盎司）白巧克力

60 毫升（60c.c.）高脂鮮奶油

烤箱預熱至 150℃／ 300 ℉／瓦斯烤箱溫度 2，在烤盤上鋪上一層烘焙紙並刷上些許奶油，能讓烘焙紙穩定地附著在烤盤上。

用電動打蛋器將蛋白打發到微硬。千萬不要用手打，蛋白霜餅會無法成功，因為這樣無法有力地將空氣打入！繼續打發，同時加入細砂糖：一次加入約一湯匙的份量，要確定全部都攪拌均勻後再加入下一匙。手的觸感最容易測量蛋白霜裡的糖粒是否已溶解，若手指沾上些搓揉後，觸感是沙沙有顆粒的，就是還沒完成，要再繼續打幾分鐘。接著加入濃縮香草精和白酒醋。至少要再打十分鐘到蛋白霜呈現滑順光亮的狀態。

慢慢用橡皮抹刀將糖粉折疊攪拌進蛋白霜至均勻。用湯匙舀出約 24 勺雲朵狀的蛋白霜，直接放上烘焙紙，每一勺中間應間隔 5 公分（2 吋），以免膨脹後沾黏。塑型可用湯匙背輕壓並拉起旋轉，製造出漩渦的效果。

將烤箱降溫至 140℃／ 275 ℉／瓦斯烤箱溫度 1。把烤盤架在中層，烤約 45 分鐘。烤好後關火，但將烤箱門打開通風降溫，15 分鐘後再把蛋白霜餅取出。這樣會烤出最理想的黏稠中心、外酥內軟餅皮。

覆盆子白巧克力內餡要從覆盆子果泥開始煮。先將覆盆子和糖放入平底鍋中用小火煮至糖溶解、覆盆子出汁，果泥開始濃縮成稠狀。將果泥過篩，放置一旁降溫。

將白巧克力切成碎片再放入耐熱攪拌碗中。用中型平底鍋加熱鮮奶油至快煮開、未大冒泡前，緊接著倒入白巧克力碎片開始劃圓攪拌直到均勻。當白巧克力醬呈現絲綢狀時，加入 2 湯匙的覆盆子果泥。

將內餡放置一旁降溫，但不用冷藏。等到完全冷卻時，塗抹在一片蛋白霜餅上，再用另一片蛋白霜餅夾住，像夾心餅乾。重複動作直到用完餅皮，可儲存在密封盒 5 天。

法式巧克力脆片布朗尼

FRENCH-STYLE CHOCOLATE-CHIP BROWNIES

濃郁到令人窒息的布朗尼，正是巴黎巧克力師對這個美式經典甜品另類的呈現方式。帶有不可或缺的撲鼻巧克力香，蛋糕的濕度要拿捏得恰到好處，更要一口就能咬到層次分明的白巧克力和牛奶巧克力，令人無法自拔。若想要更豐富的多重口感，也可依照個人喜好加入胡桃、榛果或核桃。

份量：16 塊

185 克（6 1/2 盎司）無鹽奶油、切丁，外加少許塗抹烤盤

2 條香草莢

180 克（6 1/3 盎司）苦甜黑巧克力

2 顆雞蛋（大）

2 個蛋黃

250 克（9 盎司）黃金砂糖

150 克（5 1/2 盎司或 1 杯）中筋麵粉

50 克（1 3/4 盎司）可可粉

75 克（2 3/4 盎司）白巧克力，切碎

75 克（2 3/4 盎司）牛奶巧克力，切碎

烤箱預熱至 180℃／350℉／瓦斯烤箱溫度 4。準備一個 23 公分×23 公分（9 吋 ×9 吋）的正方形烤盤，並塗上少許奶油防沾黏。

以刀尖將香草莢對半剖開，用刀背刮出香草籽，放置一旁備用。

將黑巧克力切碎，和奶油一起在碗中隔水加熱直到完全溶解，再讓巧克力稍微降溫冷卻。

用電動攪拌機將蛋、蛋黃、砂糖和香草籽全部攪拌在一起。接著加入黑巧克力和奶油，以打蛋的方式將空氣一起迅速攪拌進蛋液。

將麵粉和可可粉過篩，用木匙輕輕將粉末和巧克力糊攪拌在一起，盡量由下往上翻折。最後用橡皮抹刀把小塊的白巧克力和牛奶巧克力拌進麵糊裡。

把麵糊倒入烤盤，放進烤箱 20 ～ 25 分鐘，或目測當蛋糕邊邊開始剝離烤盤側，布朗尼的中心部分應該要已熟但仍然濕潤。冷卻後即可切塊上桌。

PISTACHE

blé
sucré
Square
Trousseau
PARIS

Piccadis
ameuse Guimauve de Paris

Guimauve

法式棉花糖

法國人很懷舊，對保留小時候的味道有一種堅持。而最具回憶和紀念意義的便是法式棉花糖，一個歷史悠久、可以追溯到古埃及時期的零嘴。 奇妙的是法式棉花糖最近默默重出江湖，開始吸引新世代的目光，主要應該是因為多間時尚的糕點店又再度開始製作這種糖果。現在，這個古老的口味經過時間的歷練，人氣不減反增。

美國觀光客或男童軍一定認不出法式棉花糖與美國棉花糖是同一類糖果。他們習慣的是可以串在營火上烤的短短圓柱狀棉花糖。兩者原料相同，但法國棉花糖長得一點都不像它的美國親戚。後者吃起來過度人造，像洗碗海綿的塑膠。另外，兩者在價格上也有一定的差異。法國師傅處理棉花糖的工匠味比較重，形狀可能是各式大小不規則的塊狀，或傳統的方形、長條形，甚至還可以打結。通常依照棉花糖的顏色就能猜出口味，除了一般的粉紅和白色，還有彩虹般的多樣選擇：開心果綠、深紫、巧克力咖啡和亮橘色都有。

想試試特別的棉花糖，一定要到Boulangerie Piccadis！這間前衛的麵包坊離盧森堡花園不遠，從櫥窗就看得出來這裡的棉花糖一定非常好吃。我嘗過，也能證實這些棉花糖的確非凡！年輕人聚集的瑪黑區有Pain de Sucre，一眼望去就會看到整櫥窗都是裝盛著色彩繽紛棉花糖的瓶瓶罐罐。有抹茶、黑醋栗、黑巧克力佐椰子，甚至還有番紅花加辣椒或菊苣根和威士忌等驚奇組合。我保證師傅不是在微醺狀態下研發這個口味的，是真的很莫名地好吃。

目前在Gérard Mulot、À la Mère de Famille、Le Bonbon au Palais和Blé Sucré都有販售這款時尚甜點新寵。

ROLLET PRADIER

METRO
LE PETIT VATEL
Restaurant
TOUS
LES
GALERIE
DES
LIVRES
P. VULIN

ANGELINA

3

經典糕點坊和茶室

Patisserie and Salon de Thé Classics

今日我們能在路邊櫥窗內看到各式經典麵包糕餅、蛋糕和甜塔，都要感謝Gaston Lenôtre先生1970年代對法式糕點技術的改革。他將傳統烘焙的繁複程序變簡易，更減少奶、糖、油的比例，製作出較無負擔的甜點。其他糕點師傅包括Pierre Hermé在內，也都延續Lenôtre先生的腳步，在經典糕點裡加進當代的新穎技法或材料。當我們急著享用無可挑剔的甜點，很容易忘記每道精美的糕點背後是由多少師傅辛苦的汗水及漫長的學徒道路所累積下來的。不管是**閃電泡芙、蘭姆巴巴、千層酥、歌劇院蛋糕或聖奧諾雷泡芙**，這些歷久彌新的糕點傑作已於巴黎的日常生活生根，成為生活中適當的自我放縱。

每個人都有自己最愛的糕點，我的最愛是千層酥，我的伴侶 Kumiko 則願意為吃一個**蒙布朗**犯罪！但我們已經不知道有幾次都因為說不出糕點名而怯步。我永遠記得多年前買蛋糕的小插曲：我開口向櫃台後的大姊說我要一個聖奧諾雷泡芙，結果卻被瞪，因為那其實是**蕾利吉思**。她那凶狠的白眼，活像是我要約她女兒週末去多維爾（Deauville）過夜！我立刻道歉，並說我可能把品名搞錯了，她才草草回我一個預留給觀光客的聳肩。

值得慶幸的是，現在的烘焙糕點坊多數都走親切友善路線，當代甜點師傅包括大師級的 Gérard Mulot、Des Gâteaux et du Pain 的 Claire Damon、Blé Sucré 的 Fabrice Le Bourdat、La Pâtisserie des Rêves 的 Philippe Conticini，以及五星級飯店 Plaza Athénée 的 Christophe Michalak，時常會站在外場熱情迎接和招呼進門的客人。從裡到外，這些糕點師真誠地將他們用心製作的糕點送到客人手上。我很自私地只介紹我個人最愛的幾間店，但我希望各位在更瞭解這些甜點的奧妙後，找到去品嘗的動力，放心地點餐吧！

LENÔTRE
LENÔTRE

The Éclair

閃電泡芙

閃電泡芙是巴黎市面眾多甜點中最常見的糕點之一，多到你可能會誤以為所有糕點師都有某種泡芙怪癖。閃電泡芙之所以這麼受歡迎，是因為它物有所值、輕巧易食，最重要的是，這是一種咬下去會立刻感受到滿足的點心，難怪有「甜點界的速食」的封號！

我承認自己是個愛吃閃電泡芙的人。雖然真正厲害的**專家**可能會提出異議，但對我來說最好吃的閃電泡芙應該要有粗糙和細膩的質感組合，結合絲綢般的內餡巧克力奶油和外層酥脆的泡芙。外殼的泡芙一定要是新鮮現做的，才能有最好的效果：咬下去是軟的，但又不能太有嚼勁，用**法式泡芙**（pâte à choux）的麵糊擠成長條狀烘烤而成。令人無法抗拒的內餡要用黃金比例的**香草卡士達**和巧克力去調配，一定要甜而不膩又有絲絨般的口感。最後上面亮亮一層的巧克力糖霜是決定閃電泡芙完美程度的關鍵。我個人喜歡強烈、苦一點的黑巧克力，與甜甜的內餡剛好呈對比。另外，法式糕點的傳統主義者（包括我自己）喜歡稍微冷藏過的泡芙，這樣還吃得到巧克力糖霜上水氣留下的一粒粒水珠。

閃電泡芙的口味很多，除了巧克力，焦糖、咖啡和抹茶也很受歡迎。老派的愛好者可能會堅持其他口味都無法像巧克力這麼配閃電泡芙，但還是有許多好奇的消費者樂意嘗試像Fauchon裡販售的藝術品：從豹紋到蒙娜麗莎的眼睛都可能出現在閃電泡芙上；日籍甜點師青木定治以抹茶芝麻口味的閃電泡芙聞名；瑪黑區的Pain de Sucre則有鳳梨和各式水果風味的閃電泡芙。

巧克力閃電泡芙是很適合**漫遊者**在路上蹓躂時隨意來一口的點心。城市裡各角落的烘焙坊都必備這款經典，更有人說若要證明一家店的好工夫，只要試吃一個閃電泡芙便立見分曉。像《費加洛》雜誌就時常更新他們的閃電泡芙排行榜，將巴黎的店家做排名。Carette、Jean-Paul Hévin、Stohrer、Vandermeersh、La Maison du Chocolat和Ladurée通常是霸占前五名的常勝軍。很少有店家能贏過這些經驗老到的店家，像Stohrer從1725年就在rue Montorgueil路上吸引行人駐足。我從來無法抗拒第12區的Blé Sucré或第5區聖傑曼教堂附近的Gérard Mulot。當然也不能錯過Jacques Genin，他對製作甜點抱著完美主義的堅持，如果人在瑪黑區卻不去店裡外帶一個閃電泡芙，就太說不過去了！

法式經典巧克力閃電泡芙

CLASSIC FRENCH CHOCOLATE ÉCLAIRS

你可能會覺得在家做閃電泡芙很不切實際，但千萬不要因為它看起來很複雜就打退堂鼓。過程需要花點時間、進行多重的步驟，但能在家帶著愛心完成閃電泡芙可是非常有成就感的！相信我，只要多練習幾次，你也可以做出市售品質的泡芙殼。訣竅在於一開始要將麵糊放入高溫烘焙，邊烤邊調降溫度，再從較低溫中取出泡芙。因為泡芙麵團並沒有添加泡打粉或酵母，而是利用自然的水蒸氣發酵，所以要用高溫產生水蒸氣。

份量：10 個

泡芙殼

65 毫升（65c.c.）飲用水

65 毫升（65c.c.）全脂牛奶

55 克（2 盎司）無鹽奶油，常溫

1 湯匙細砂糖

1 小撮細海鹽

100 克（3½ 盎司）中筋麵粉，過篩

4 顆雞蛋，常溫

巧克力奶油內餡

500 克（18 盎司）法式香草卡士達醬，常溫（食譜請見 p. 72）

30 克（1 盎司）苦甜黑巧克力

15 克（½ 盎司）無糖可可粉

巧克力糖霜

150 克（5 ½ 盎司）苦甜黑巧克力

60 克（2 ¼ 盎司）無鹽奶油

50 克（1 ¾ 盎司）糖粉

60 毫升（60c.c.）飲用水

烤箱預熱至 180℃／350℉／瓦斯烤箱溫度 4，在烤盤上鋪上烘焙紙預備。

長泡芙的麵糊：首先將水、牛奶、糖和鹽用中型平底鍋煮到沸騰。鍋子離火，用木匙慢慢將麵粉由下往上翻攪，直到均勻。

再次將鍋子放上爐子，改用中火加熱，繼續用木匙攪拌約 2 分鐘至麵糊不沾鍋邊。將鍋子移開火爐，一次打進一顆蛋，每次都要確定已打發均勻再放下一顆，現在麵糊應該呈現均勻、濃稠但會滴落的狀態。將麵糊裝進 1.5 公分（½ 吋）圓形口徑的擠花袋，放置一旁冷卻約 5 分鐘，讓麵糊變硬一點。

在烘焙紙上用擠花袋擠出 10 條 15 公分長、香腸狀的泡芙外殼，中間保持各 5 公分（2 吋）的間隔，因為泡芙烘烤後會膨脹。放入烤箱烤 25 ～ 30 分鐘，完成時外殼應呈現金黃色色澤。烘烤過程中千萬不可以打開烤箱，不然泡芙無法有足夠的蒸汽發酵膨脹。取出後，放在架上冷卻。

將準備好的香草卡士達醬放入碗中，用另一個耐熱碗盛著巧克力架在鍋子上，用沸水隔水加熱到完全溶解。把巧克力漿倒入香草卡士達醬中，接著加入可可粉後快速攪拌混合到均勻，在室溫中待冷卻後備用。

將巧克力奶油內餡裝入 5 公釐（⅕ 吋）口徑的擠花袋中，用擠花嘴沿著泡芙殼底部鑽三個洞，同時小心地擠入內餡，注意是否有將內餡平均裝進泡芙。

糖霜的部分，將巧克力用上面同樣的方式隔水加熱。把裝著巧克力漿的耐熱碗繼續放在水上，加入奶油和糖一起攪拌，持續到巧克力漿呈現濃稠的亮面。移開火爐，放置冷卻 10 分鐘後，將泡芙表面沾上一層巧克力，再用抹刀抹平放置一旁。確定巧克力已冷卻硬化後再上桌。

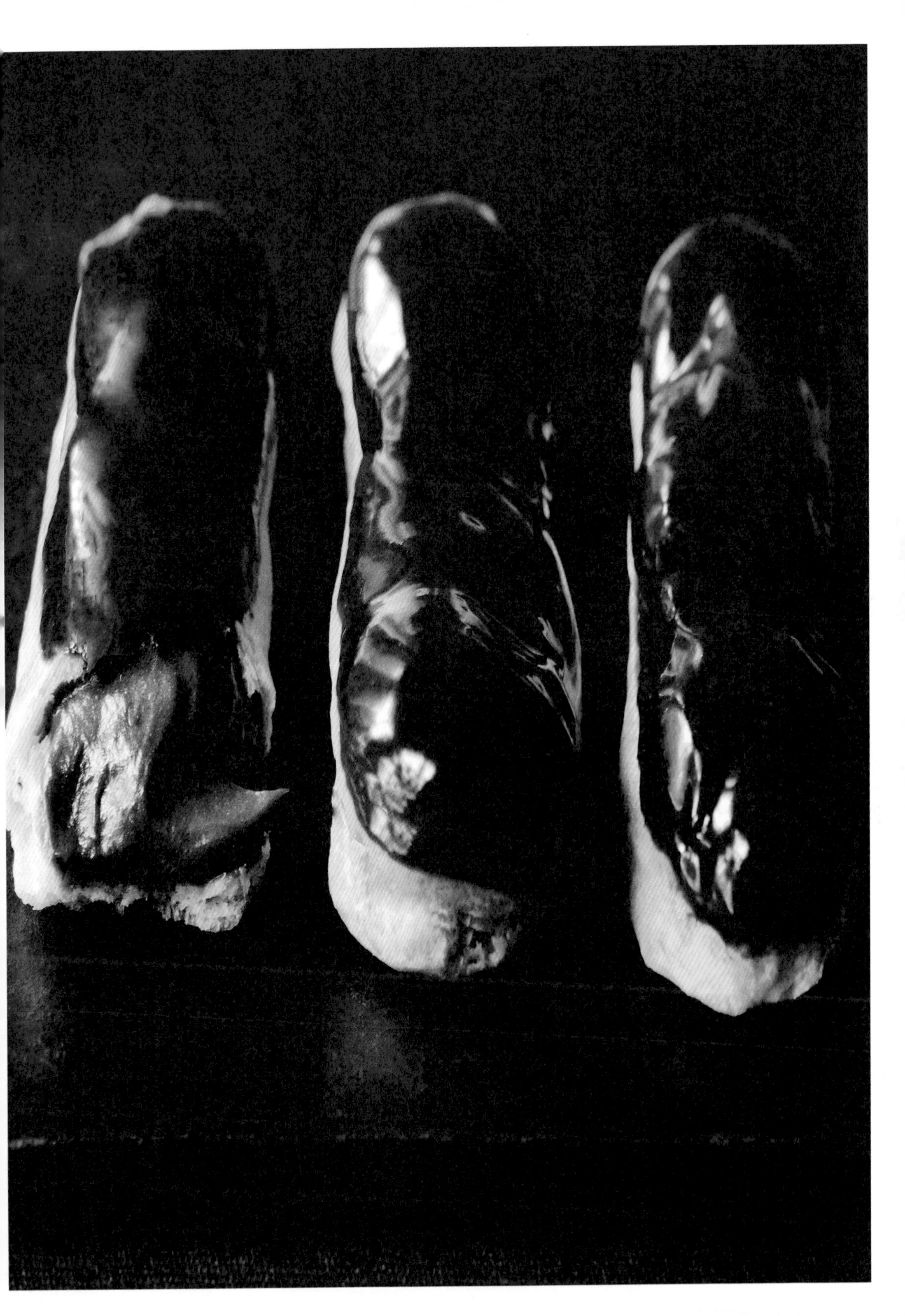

Millefeuilles

千層酥

充滿氣勢的千層酥，法文直譯就是「一千片葉子」。毋庸置疑，最好吃的千層酥勢必都聚集在巴黎，但我對**千層酥**的著迷程度已經到了就算冒著踩到地雷的危險，還是每到一處都要吃！只要有機會，我在世界各地任何時候都可以吃這道甜點，真的百吃不厭！法國境外，千層酥成為稍微俗氣的「香草薄片」、「克林姆奶油薄片」或「卡士達薄片」。的確，不是每個人都有辦法準確發出millefeuille饒舌的音。美國人稱原味千層酥為「拿破崙」，但在巴黎有時會造成誤會，因為法式的「拿破崙」指的是杏仁夾心千層酥。

千層酥的由來眾說紛紜，現已難以考辨。法國十七世紀初的名廚 François Pierre de la Varenne 在開創性的《法國菜譜》（*Le Cuisinier François*）中提到一種「一千片葉子的蛋糕」。但直到十九世紀，人稱「國王御用廚師」的名廚 Marie-Antoine Carême 才再度提及千層酥這道甜品。 真正靠千層酥獲利的贏家是位在第 7 區 rue de Bac 上的 Seugnot Pâtisserie。他們自稱在 1867 年「首次」將千層酥引介給大眾，主廚 Dubose 先生更為自己冠上「千層酥之王」的抬頭，他應該很慶幸當時沒有太多競爭對手吧！

想把好的千層酥送入口，其實是頗高難度的。千層酥就是要有數不清的多層薄薄酥皮，開動時如何不弄成滿桌碎屑真的是一大學問！更大的問題是我總捨不得將酥皮的精華屑屑留在盤子裡。經典千層酥的主體是兩層滑順的香草卡士達醬，穿插在三層如葉片般輕巧的酥皮（pâte feuilletée, or puff pastry）中。法式糕點中滿滿的crème pâtisserie即是香草卡士達醬，有些地方的千層酥裡會用打發的鮮奶油取代，雖然我個人不太認同這種做法。最上面的糖霜時常會做成大理石紋路，此技術被稱為「marbrage」。雖然現在有越來越多用千層酥基底來調配的變化口味， 但在我的心目中，最經典的原味千層酥，依然是最能展現法式手工糕點精髓的單品。

巴黎不乏美味的千層酥，許多糕點店對自家的千層酥都相當自豪。因為實在有太多選擇，我只挑出幾間我的最愛，若有遺漏，敬請見諒。巴黎東邊的 Daumensil 大道上有當地知名的甜點師傅 Vandermeersch 的店，一口千層酥下肚後，你就會立刻忘記長途跋涉的遙遠路程。市中心瑪黑區的 Jacque Genin 是我的另一個最愛，他的鹽奶油焦糖千層酥令人難忘。而我的左岸烘焙偶像 Gérard Mulot 則設計出一款莓果千層酥在店內販售。從 Mulot 第 6 區的店走一小段，就可抵達近期非常受歡迎的新穎 La Pâtisserie des Rêves，Philippe Conticini 創造的夢幻逸品可說是全城中最耀眼的千層酥。也可以到杜樂麗花園旁的 Angelina 享受一片華麗的千層酥。

DALLOYAU
ACADEMIE
DALLOYAU

L'Opera

歌劇院蛋糕

經典細緻的歌劇院蛋糕最初出現在 1903 年的**巴黎食品展**，是 Louis Clichy 先生用不同層次的蛋糕堆疊在一起的豪華甜點。當初取名為不太有創意的Le Clichy，幾年後Dalloyau再次將這個糕點介紹給大眾，更名為 L'Opéra，靈感來自亮麗典雅的巴黎大歌劇院，也是更貼切的名字。果仁甜香的巧克力對應微苦的咖啡蛋糕，正如同組曲裡串聯好的音符。歌劇院蛋糕在甜點界宛如香奈兒套裝在時尚圈的地位，是深受大眾喜愛的經典不敗款。

綿密濕潤的歌劇院蛋糕，需要卓越的技巧才能充分表達出層次感，連專業烘焙師傅都會卻步。通常是用七到八個薄層堆疊在一起，其中三層是浸漬咖啡蘭姆酒糖漿的杏仁海綿蛋糕「jaconde」，搭配兩層咖啡奶油和單層濃郁苦甜巧克力甘納許。整個蛋糕的最外層則覆上一層亮亮的巧克力醬。有趣的是，糕點店都會在每片蛋糕上擺飾一塊印上「Opera」的巧克力，彷彿是為了提醒大家正在享用的不是其他蛋糕；有時還會撒上些許雪花般的金箔。

不同於其他方正或圓形糕點，歌劇院蛋糕的標準形狀是較少見的長方條狀。如果怕巧克力太膩或擔心過甜，可以搭配黑咖啡，甚至是阿馬尼亞克白蘭地或干邑白蘭地也都很適合。有些人會堅持要在常溫時品嘗，但我個人偏愛吃冷藏過的，歌劇院蛋糕和閃電巧克力泡芙都是，不至於到冰冷，但要比常溫稍微冷一點。

那又要如何找尋巴黎最好吃的歌劇院蛋糕呢？非常簡單！如今歌劇院蛋糕已成為指標性甜點，在各處的糕點店和茶室內都能輕而易舉找到。首先，去 Lenôtre 絕對不會錯！Lenôtre 先生是影響**高級料理**甚鉅的大師，而我對他的店也有著朝聖飲食殿堂的心情，但因為消費水平也相對提高，總是有些怯步。Dalloyau算是成功將歌劇院蛋糕普及化的推手，在巴黎市區也有多家分店，所以一定要去嘗嘗看他們的版本！我心中最完美的歌劇院蛋糕，分別出自位在第 7 區的 Jean Millet 和聖傑曼特區的 Gérard Mulot。第二名是盧森堡花園旁的日本師傅青木定治。另外，Bon Marché 百貨附屬的美食超市 Grande Épicerie 甜點部的歌劇院蛋糕，也是物有所值的另一個選擇。

Baba au Rhum

蘭姆巴巴

據說，蘭姆巴巴是由十八世紀被驅逐到阿爾薩斯洛林地區的波蘭國王 Stanisław Leszcynski帶到法國的。傳奇師傅Nicolas Stohrer當時還只是皇家廚房小跟班，就研發了波蘭式「babka」——一種瘦高的圓柱形酵母蛋糕。加入馬拉加酒（Malaga）、番紅花、葡萄乾和香草卡士達。雖然有點荒唐，但聽說 Stanisław 國王當時正在閱讀《一千零一夜》，所以用故事中的主人翁「巴巴」為新甜點命名。1725年，Stohrer 先生成為國王女兒瑪麗亞的私人廚師。當她嫁給路易十五，主廚也隨之入駐凡爾賽宮，直到 1730 年才離開，回到巴黎市自立門戶，開創至今仍在原址 Montorgueil 路上的 Stohrer 烘焙坊。

真正加入蘭姆酒是在 1835 年的時候，Stohrer廚房裡的學徒突發奇想，用蘭姆酒代替葡萄酒，直接加入剛出爐的布里歐糕點。現在的食譜大多已改成將蘭姆酒與少許糖漿混合。巴巴的麵團濃稠度類似布里歐但又油些，基本材料大致相同，包含蛋、牛奶、糖、奶油和不可或缺的酵母。烘烤時，麵團會吸進滿滿的蘭姆酒，最後才加上香草卡士達和鮮奶油。通常會使用獨立圓柱體的烤模，有時也會用較大型的模具。接著，朱力安兄弟（Julien Brothers）在 1844 年拷貝了同樣的食譜來做沙瓦蘭蛋糕（Savarin），唯二的改變是將麵團浸泡在櫻桃酒中，還有用圈形模具烘焙。因為這兩樣甜點的口味和長相實在太像了，許多人到現在都還時常搞混。

現在，Maison Stohrer仍然每天販售招牌的巴巴，共有四種口味：**原味阿里巴巴：**浸漬番紅花與蘭姆酒，搭配香草卡士達和葡萄乾；**香緹巴巴：**原味佐香緹鮮奶油；**蘭姆巴巴：**只浸漬蘭姆酒；**果香巴巴：**原味佐莓果。

讓我最難忘的是瑪黑區 Pain de Sucre 的「Baobob」，是經典的蘭姆巴巴加上現代的創意：蛋糕圓頂上的裝飾是一支裝著香草蘭姆酒的迷你塑膠管，可依照個人喜好隨意加入。另一個蘭姆巴巴界的佼佼者是 Blé Sucré，這間糕點舖位在第 12 區，靠近阿爾佳市場。主廚 Fabrice Le Bourdat版的巴巴很獨特，旁邊一定總有很多鮮奶油和一根巧克力棒。若想體驗真正的奢華版，一定要去Plaza Athénée 飯店裡的米其林大廚 Alain Ducasse 的餐廳，這裡的蘭姆巴巴是他們最出名的招牌甜點。

PAIN DE SUCRE

St Honoré and Paris-Brest

聖奧諾雷和巴黎布斯特

多年來，泡芙一直是巴黎甜點的基石，以它為靈感變化出許多甜點，其中最熱賣的兩種便是**聖奧諾雷**和**巴黎布斯特**。聖奧諾雷之名源自法國糕點師傅守護神 St. Honoré 或 Honoratus，他是公元600年法國Amiens城的主教，曾多次創造解救饑荒的神蹟，他的紀念教堂正位在時髦的 Faubourg St-Honoré 路上。

這款傳統法式糕點至今仍然依照 19 世紀鬼才創始人 Chiboust 先生的食譜製作。糕點以酥皮為底，再冠上一顆裹上黏稠焦糖的奶油餡泡芙「crème chiboust」——以香草為底的卡士達奶油餡，作法不同之處在於在卡士達尚有餘溫時混入打發的蛋白。最後，用擠花袋裝飾上環繞酥皮和固定泡芙的花式鮮奶油，即完成尖塔式的聖奧諾雷。

今日巴黎糕點界的新星將經典聖奧諾雷食譜做了許多變化：Pierre Hermé 令人食指大動的Carrément Chocolat用黑巧克力奶油加上焦糖化的泡芙，Ladurée 在普通泡芙上加上浪漫的玫瑰花瓣和覆盆子。我個人最愛在 Carette 面對孚日廣場（Place des Vosges）的茶室裡享受聖奧諾雷，不只滿足味蕾，外頭的景色每次都能讓我的心情放鬆。第12區的Blé Sucré和第7區的Rollet Pradier也都有非常奢華的聖奧諾雷。

巴黎布斯特（又名**車輪泡芙**）的主要成分就是泡芙，有著相當有趣的背景故事。1891年，有位巴黎糕點師傅在巴黎到布列塔尼的布斯特城長途單車賽起點處旁開了一家糕點舖。為了慶祝單車賽開跑，他特別設計了腳踏車輪形狀的泡芙，並將其從中間切開，擠入榛果口味或果仁巧克力的奶油餡，最上面再撒上烘烤過的杏仁片和白糖粉。這番創舉受到熱烈歡迎，成為單車賽的大贏家！如同所有經典糕點，巴黎布斯特也有許多新版本。如果你喜歡車輪泡芙，可以租一輛巴黎市區的灰色自助腳踏車，騎去國家法院旁的 Rollet Pradier 或第5區的Carl Marletti，去試試他們各有特色的布斯特泡芙。

Mont Blanc and Religieuse

蒙布朗和蕾利吉思

蒙布朗（比較正式的名字是栗子蒙布朗）是最古老的法式甜點之一，可追溯到十五世紀，然而關於它屬於義大利或法國甜點仍有所爭議。最早的出處是在一本 1475 年的義大利食譜中，記載著蒙布朗是美艷的致命女郎 Lucrezia Borgia（編註：羅馬教宗亞歷山大六世的私生女）最愛的甜點。在我的想像裡，這個美好的甜點是文藝復興時期的羅馬教廷從殘酷的馬基維利式政治和性醜聞中轉移注意力的小確幸。但事實當然沒有這麼簡單！

蒙布朗普及的時間大約在十七世紀，原本的顏色是黃色，很可能是因為糖漬栗子的色澤，雪山頂的形狀則無疑是來自鮮奶油和蛋白霜餅。現在市面上常見的圓頂形狀是 1903 年由知名餐廳 Angelina 來自奧地利的創辦人 Antoine Rumpelmeyer 所研發的。

經典蒙布朗遠不及現代版的複雜，基本必備的當然是爽口又綿密的香草栗子泥，用擠花嘴在香緹鮮奶油小丘上，整齊擠上義大利細麵條般的栗子泥，最底下則是易碎的蛋白霜餅。現在一年四季都吃得到蒙布朗，但還是秋天栗子季時的最好吃，因為是用新鮮而不是罐頭或冷凍的栗子製作的。

Rivoli大道上大名鼎鼎的Angelina蒙布朗與他們顯赫的嘉賓名單一樣有氣勢，香奈兒、普魯斯特、奧黛麗・赫本都曾是常客。據說，杜樂利花園外歷史悠久的本店每天都能售出六百多個蒙布朗。Ladurée 和其他茶室也提供蒙布朗作為悠閒下午茶甜點的選擇。如果你不想耗費時間排隊喝下午茶，比較快的方式是從第 7 區的 Jean Millet 外帶回家享用。

蕾利吉思（法文「宗教」的音譯）有點像閃電泡芙和奶油泡芙的親戚，外型很像雪人，一顆小泡芙疊在一顆大泡芙上。以法文的「宗教」為名純粹是因為泡芙的外型，黑白交錯的巧克力和鮮奶油就像修女服，而並非如眾人所想像有著崇高信仰的意思 。但不瞞你說，看到兩個圓滾滾的可愛泡芙夾著甜而不膩的香草卡士達，想到就口水直流，真令人有罪惡感！市面上的蕾利吉思大多加上巧克力或咖啡口味的糖霜，Carette將原味的直爽展露無遺。而如同所有甜點到 Ladurée 手上就更加優雅，蕾利吉思在這裡變成了紫羅蘭黑醋栗或玫瑰口味。當然也有許多其他變奏版，Blé Sucré用鹽奶油焦糖做變化，Carl Marletti則加了開心果，讓修女也瘋狂！

A TOUS LES ETAGES
13

Stohrer
LENÔTRE
LE LOIR
DANS LA THÉIÈRE
Mulot

Le Chocolat Chaud

熱巧克力可可

在巴黎享樂，一杯濃郁熱巧克力可可帶來的快感沒有任何甜點比得上。這種混合飲品看似簡單，卻是天賜極品，每次到巴黎都要喝上一口才過癮！

在十六世紀，巧克力對法國來說是新世界的產物，一登陸立刻席捲宮廷皇室。1675年，滿懷熱忱的巧克力師傅Davic Chaillou在巴黎開創了首間專賣店，販售以牛奶和巧克力攪拌在一起的飲品而一夕成名。連皇后瑪麗安東尼都無法抗拒熱可可的魔力，宮廷裡有些人認為這個飲品具有催情效用，也有些人深信它必是良丹。

品嘗巴黎式熱巧克力就像是喝到液態的天鵝絨。誘人而濃烈的巧克力味和香料結合在一起，宛如置身仙境的感官饗宴。真正的巴黎式熱可可是以多種切碎的苦甜巧克力加入熱牛奶調配而成，有時會添加奶霜，但從來不是用可可粉唬弄取代。現在市場競爭激烈，巧克力大師對自己的獨家熱可可配方守口如瓶、絕不透露添加香料（例如薑、辣椒和肉桂）的比例，更嚴選全球各產區的可可豆，不為其他，就為保持特色。

眾所矚目的熱巧克力之王是Angelina的L'Africain（非洲可可）。端上桌的是一壺厚實帶辛香辣的巧克力漿佐鮮奶油，通常還會搭配店內的招牌蒙布朗。瑪黑區的巧克力大王Jacque Genin的熱可可取材自他的巧克力工坊（就在店面樓上），全用法國巧克力，口味微甜。在Carette巴黎的兩家茶室（分別在Trocadéro和孚日廣場）都可以用法國Limoges收藏品級瓷器品嘗到口味較溫和的熱可可。我也很喜歡到Jean-Paul Hévin的Saint-Honoré店二樓的巧克力吧喝一杯，這邊的團隊為每日各時段設計符合當下氛圍的不同款巧克力飲料。象徵左岸咖啡的雙叟和花神咖啡館也都有不錯的熱巧克力，但相對也要付出可觀的觀光客價格。延續聖傑曼大道，走一小段再轉進一條巷弄的不遠處，Un Dimanche à Paris是Pierre Cluizel旗下新開張的精品餐廳，店內經典的法式水壺裡盛著各式華麗的巧克力調成的飲料。最後，如果你有機會到La Maison de Choclat少數有吧台座位的店內，絕對要試試他們的超級熱巧克力：Caracas（加拉加斯）適合想嘗鮮的大膽饕客，或是加了黑蘭姆酒的Bacchus（巴克斯酒神）。

EXIGEZ LA MARQUE
CH. GERVAIS
CHOCOLAT
SUCHARD

法式老派熱可可

OLD-FASHIONED FRENCH CHOCOLAT CHAUD

老派熱可可是為了巧克力愛好者所設計的濃郁、厚實、黏稠如醬一般的飲品。如果你熱愛巧克力，那就準備解開你的皮帶、放鬆一下，盡情享受一杯！小火慢煮時，記住一定要不停輕輕攪拌，黃糖和鹽巴絕對不能忘記加。上桌前，我通常會準備好現打鮮奶油在側並撒上少許可可粉，更能享受升級的巧克力體驗。更進階的華麗享受：可在煮好的熱可可中加入一點蘭姆酒或墨西哥卡魯哇咖啡酒。

份量：4 人份

1 條香草莢

600 毫升（600c.c.）全脂牛奶

250 毫升（250c.c.）低脂鮮奶油

2 湯匙黃糖

一小撮鹽

150 克（5 1/2 盎司）苦甜黑巧克力，切成碎片

100 克（3 1/2 盎司）牛奶巧克力，切成碎片

300 毫升（300c.c.）打發鮮奶油，飲用時再加入

用鋒利的小刀將香草莢橫向對切，用刀背刮出香草籽。將香草莢、香草籽和牛奶倒進大型平底鍋，加入鮮奶油、砂糖和一小撮鹽用小火煮到冒泡，不要煮沸。

將鍋子移開火爐，取出香草莢，加進兩種巧克力碎片，攪拌至完全溶解。接著這個步驟需要強勁的腕力：用打蛋器快速將空氣打入巧克力漿，大約至表面看起來有一層小泡泡即可。

將鍋子再次放上火爐，只需要加熱一下，注意不要煮沸。盛進適合飲用的杯子或小碗內，搭配鮮奶油上桌。

DALLOYAU
PARIS
PARIS TOKYO SEOUL DUBAI DOHA

Tarte aux Fraises

草莓塔

歷史悠久的草莓塔一直以來都有許多死忠擁護者。吃到完美的草莓塔時，人生是多麼快樂和滿足！好吃的塔一定要有新鮮水果，夏日的草莓鮮紅多汁，絕對是吃草莓塔再適合不過的季節。在所有莓果塔中，我最愛的就是酸甜香氣撲鼻的新鮮草莓塔！再冷漠端莊的巴黎人，只要看到俏麗甜美、顏色鮮艷的紅色莓果在一片片黃金色塔皮和香草卡士達上納涼，都會腿軟無力，無法抗拒誘惑。只要遇到剛出爐、香噴噴的野莓塔和覆盆子塔，這些巴黎人就會立刻變成嗷嗷待哺的小狗。

歷史並沒有特別說明這個經典甜點的故事，而我們也可能永遠不會知道誰是第一位將草莓、卡士達和塔皮組合起來的天才。可以確定的是，如果沒有Chiboust和Gaston Lenôtre等糕點大師的貢獻，就不會有今天深得大家喜愛的草莓塔。他們多年的經驗造就了搭配起來最完美的香草卡士達和甜塔皮食譜。

對我來說，到塞納河畔或公園草地野餐時，絕對少不了草莓塔！正如同馬內的畫作〈草地上的午餐〉表現出的慵懶氛圍，感受到陽光的照耀會有種錯覺，比較有膽量嘗試新事物。這也讓我回想起印象深刻的某年春天：那天整個早上，我獨自坐在杜樂利花園裡櫻花樹下的綠色躺椅上，大剌剌吃了三間糕點坊的草莓塔！你也知道，市場調查真是件苦差事！

所以到底巴黎哪裡的草莓塔最讚呢？《費加洛》雜誌再次用心幫大家試吃，評選出「全巴黎最好吃的草莓塔」：Gérard Mulot、Jacques Genin、Dalloyau依序贏得前三名。對於這個排行榜我再同意不過，尤其Gérard Mulot的方形草莓塔也正是我的最愛之一！但我心中的第一名要到Clair Damon在第15區的Des Gâteaux et du Pain才吃得到。Jean Millet左岸店裡的塔也是屬一屬二的好味道，也可以試試Le Bon Marché旁、走現代風格的Hugo & Victor。當然，嘗到老牌經典Lenôtre和Carette才算真正到巴黎一遊。

經典草莓塔

CLASSIC TARTE AUX FRAISES

艷陽高照的夏日，最適合來一片經典草莓塔！進口或冷凍草莓都無法取代當季草莓，只有新鮮草莓才能展現清新爽口的質感。另一個關鍵是真材實料、順口的法式香草卡士達。放上草莓前，記得先讓卡士達奶油餡在塔皮中稍微冷卻定型，在裝飾時卡士達才不會溢出。這個食譜也可用來做法式覆盆子或其他不需烤熟的新鮮莓果塔。

份量：6 人份

＊可先預烤塔皮，法式甜塔皮（pâte sucrée）製作方法請見 p. 147

23 公分（9 吋）預烤好的甜塔皮殼
800 克（1 磅 12 1/4 盎司）去蒂草莓

香草卡士達

1 條香草莢
350 毫升（350c.c.）全脂牛奶
6 顆蛋黃
100 克（3 1/2 盎司）細砂糖
50 毫升（50c.c.）高脂鮮奶油
30 克（1 盎司）中筋麵粉，過篩
30 克（1 盎司）玉米粉，過篩

糖衣

150 克（5 1/2 盎司）新鮮覆盆子
2 湯匙細砂糖

現打鮮奶油或希臘優格，搭配食用

製作香草卡士達需要花點時間，所以我們先從這部分開始。將香草莢橫向對切，用刀背刮出香草籽。將香草莢、香草籽、牛奶倒進大型平底鍋用小火煮到冒泡，不要煮沸，注意別讓鍋子燒焦。

將蛋黃和糖放在大碗中攪拌均勻，直到攪拌器拉起時蛋液呈現絲綢狀。加入鮮奶油、麵粉、玉米粉，以漩渦式攪拌至均勻。慢慢將先前的熱牛奶倒入大碗中，持續攪拌。

將大碗中的混合物全部倒進平底鍋裡，再次煮到快沸騰的冒泡狀態，一定要一直不停攪拌，牛奶和麵粉才不會結塊。將火調小持續攪拌，以小火燜煮約 5 分鐘 。將卡士達醬倒進另一個碗中，用保鮮膜直接緊貼表面覆蓋，避免最上面形成乾膜，放置一旁冷卻。

待香草卡士達完全冷卻後，取出適量盛進預烤好的塔皮中，用橡皮抹刀將卡士達平均抹開。卡士達約填滿塔皮的 3/4 即可，以便預留足夠空間放置草莓。接著放上去蒂草莓，可依喜好自由排列，小心輕放避免卡士達溢出。

接著準備糖衣，將覆盆子和糖加入平底鍋中，用小火慢煮至糖全溶解，覆盆子軟化出水，果泥慢慢開始濃縮，再將鍋中的果漿過篩，即完成糖衣。在草莓塔上刷上冷卻的覆盆子糖衣，等待 1 ～ 2 小時，讓所有味道混合在一起再品嘗。建議配上鮮奶油或希臘優格食用。

PATISSI
pâtisserie
Sadaharu AOKI
paris

Tarte au Citron

檸檬塔

檸檬塔是最正統的法式甜塔之一，看似簡單，卻是很有學問的一道點心。大家第一眼的印象都誤會這只是一個親切可愛的亮黃色甜點，不具威脅性的外表其實掩蓋了極具深度的口味和質地。對真正的檸檬塔行家來說，一間好的糕點坊必須能夠將師傅淋漓盡致的技巧發揮在一個樸實無華的甜塔上，甜點師傅成功的標竿便是必須日復一日不變地製作同樣高水準的內餡和塔皮。

檸檬塔最有可能源自地中海，不只法國，在西班牙和義大利也都隨處可見。現在的做法還是遵照 1650 年代流傳下來的食譜。每年年初，南法的芒通城（Menton）都會舉辦年度檸檬季，而檸檬塔理所當然是慶典中的一大重點，也是這項傳統不可或缺的一部分。

檸檬塔雖然是南方的產物，但顯然已成為巴黎糕點店的經典款。完美的檸檬塔一定要有光滑亮面、Q 彈可口的鮮黃色內餡，讓人看了食指大動！入口即化的檸檬蛋黃醬填入酥脆的法式油酥甜塔皮（pâte sablée）：以奶油、蛋、糖和麵粉或杏仁粉做成的香草口味酥脆塔皮。

關於檸檬塔，純粹主義的追隨者堅持清爽無裝飾的簡約風，我個人是不介意撒上一點綠檸檬皮點綴。有些師傅為了提味，還會在檸檬內餡上再刷上一層檸檬原汁果膠加強酸度，也讓整個塔更有光澤。富有個性的檸檬內餡便是要在香甜的蛋黃奶油味中保有微妙卻銳利的檸檬酸，成為最酸的甜塔，挑戰舌尖味覺，正如有名的爵士歌曲中唱的那樣：「it don't mean a thing if it ain't got that zing」。

近年來，《費加洛》雜誌多次評選第 5 區的 Carl Marletti 為最好吃的檸檬塔，我最初也非常認同，直到強勁對手 Des Gâteaux et du Pain 出現，現在我的最愛是第 15 區 Damon 小姐的檸檬塔。Gérard Mulot 大師將蛋黃餡和甜塔皮平衡得剛剛好，Pierre Hermé 則有升級版的雙重檸檬塔，塔上還有一片檸檬加強酸度。我也很喜歡 Jacques Genin 撒上綠色萊姆末的檸檬餡餅 。最後，我最愛的檸檬塔名單還包括 Fabrice Le Bourdat 在 Blé Sucré 做的淡黃色小塔。

傳統檸檬塔

TRADITIONAL TARTE AU CITRON

巴黎每間糕點店幾乎都有自己的檸檬塔食譜，往往是世代相傳的獨特家傳配方，以下這個食譜是我的版本。傳統檸檬塔是每個法國家庭都熱愛的甜點，主要材料為高脂鮮奶油、六顆蛋，而黃檸檬汁和檸檬皮則帶來那撲鼻的香氣。每次做這個塔，都會讓我回想起在普羅旺斯的露天夏日晚餐，溫暖的夜中，一口口甜白酒配著徐徐微風，令人懷念。

份量：6-8 人份

300 克（10 ½ 盎司）塔皮麵團
（法式甜塔皮食譜請見 p. 147）

75 克（2 ¾ 盎司）無鹽奶油

150 毫升（150c.c.）高脂鮮奶油

2 顆雞蛋

6 顆蛋黃

160 克（5 盎司）細砂糖

200 毫升（200c.c.）新鮮檸檬汁

2 顆現磨檸檬皮

適量打發鮮奶油，搭配食用

烤箱預熱至 180℃／350 ℉／瓦斯烤箱溫度 4。將塔皮麵團用擀麵棍擀開至厚度約 3 公釐（1/10 吋），選用直徑 24 公分（9 ½ 吋）、深 4 公分（1 ½ 吋）的圓形烘焙塔模。將塔皮鋪上烤盤，用中型平底鍋將奶油加熱，維持小火，接著慢慢加進鮮奶油。攪拌至均勻再移開火爐，放置一旁。

將耐熱碗架在滾水的鍋子上，以隔水加熱的方式將蛋、蛋黃、糖攪拌直到所有糖都溶解。接著加入檸檬汁繼續攪拌 3 分鐘，再加入檸檬皮和煮好的溫鮮奶油，用小火煮 5 分鐘，其間要不斷攪拌。

將烤箱溫度降至 150℃／300 ℉／瓦斯烤箱溫度 2。將檸檬奶油餡倒入預烤好的塔皮中，烤 30 ～ 35 分鐘，這時塔皮看起來應該是深金黃色，內餡則會有點像果凍的感覺。如果烘烤時，內餡的表面開始呈現褐色、焦黑的狀態，可以在上面蓋一片鋁箔紙。將檸檬塔從烤箱取出，降溫後，切成片狀搭配打發鮮奶油食用。

4

傳統維也納式糕點

Traditional Viennoiserie

大部分人都知道，在法國受到維也納式烘焙影響的糕點統稱為「viennoiserie」。這都是因為1839年，奧地利駐法砲兵August Zang在巴黎92 rue de Richelieu開了間維也納麵包坊（Boulangerie Viennoise），造成一陣旋風。巴黎人立刻愛上了維也納式糕點，包含Kipferl，因為半月形的外觀，原名漸漸被**可頌**（法文的新月croissant）所取代。為了搶搭潮流順風車，法國的烘焙坊開始取材維也納式糕點，逐漸大量生產類似的產品。法國作家都德（Alphonse Daudet）在1877年出版的小說中提到過「pâtisseries viennoises」，但「viennoiserie」一詞真正普及是在十九世紀末。當初一定沒人想到外來的可頌有天會成為如此具代表性的「法國」同義詞！現在其他傳統的法式軟麵包，就算不具日爾曼血統，也一併被稱為viennoiserie，大部分是外酥內軟、從奶油布里歐或千層酥皮的酵母麵團烘烤熟成的糕點。當然也有例外，如**葡萄乾蝸牛捲**就是用奶油發酵的。有些沒加香草卡士達的水果塔如**蘋果塔**，則是另一種變化，但最令我不解的是連**瑪德蓮**和**費南雪**等口感扎實的小蛋糕也都被歸為同類。

因為這樣的歐式來歷，維也納式的口味過去只有麵包師傅在做，但到了法國，連糕點師傅也製作，且做法更細膩。今天，維也納式麵包已成為法國每間麵包店、糕點舖、茶室的固定班底，連超級市場都另闢專區販售。多數人對維也納式糕點的印象會聯想到早餐麵包，但其實這些糕點不限時間地點，是任何時刻都可以享用的解饞極品。針對特殊節日或季節，也會有不同的變化，像國王派就是過新年必吃。

現在太多地方可以買到這類糕點，太普及化的缺點就是在巴黎這麼大的城市中很容易遺漏掉一些店家。因為選擇太多，其實也很難選出一個排行榜，所以如果我沒有寫到轉角某間你最愛的店，請不要介意！為了讓大家方便抵達，我特地將地段列入考量，範圍比照觀光客的巴黎（也就是比較市中心的地段）來評選。我也要先預告，基於私心作祟，我只詳細介紹自己愛吃的種類。其他如**咕咕霍夫**（kugelhopf）因為現在比較少地方有賣，所以略過，也跳過**可麗露**，因為我覺得那是波爾多的名產。最後，**蝴蝶酥**（palmier）對我來說口味平淡，就不多說了。

Croissants

可頌麵包

可頌麵包是法式早餐的代表，在巴黎的普及歸功於命運多舛的瑪麗安東尼。

奧地利出生的她在嫁給路易十六時，也帶上了這個家鄉的糕點配方，作為她童年的紀念。故事要追溯至 1683 年，一位精明的維也納麵包師因為識破鄂圖曼軍隊入侵隧道進城，得到了土耳其人留下的一包麵粉作為獎勵。為了表示感謝，他烤了狀似鄂圖曼國旗上的半月形奶油麵包，同時成為維也納最重要的糕點。不過，可頌的前身Kipferl早在十三世紀就有文字紀錄了。

儘管新月形麵包和蛋糕早在中世紀就存在了，但法式的可頌麵包在十九世紀的巴黎才真正被發揚光大。最初是由August Zhang的維也納式麵包坊將Kipferl介紹給巴黎消費者，並讓這種麵包快速成為巴黎上流社會早餐不可或缺的餐點。之後在 1920 年代，有個熱愛酥皮的廚師改造了Kipferl，成為我們今天無法抗拒的香酥奶油可頌麵包。

正如所有烘焙師公認的，製作完美可頌麵包的手續宛如摺紙的鍛鍊，一切秘訣都在折疊，也就是糕點界稱為「laminating」的「層壓」動作。聽起來雖然很嚇人，但實際上相當簡單。道地的可頌麵包要用老麵酥皮、疊上一層層的奶油來製作，連續反覆折合、擀開的動作多次，接著用專用刀具將麵皮切成一個個三角形，從寬邊捲到細端，讓中間鼓起，最後彎曲成我們熟悉的半月形。

可頌麵包老饕會要求表面要有「Maillard」效果——如焦糖的輕薄酥脆外殼，咬開那一瞬間會聽到喀滋的爆裂聲，更重要的是麵包內要呈現柔軟的蜂窩狀。咬開輕如空氣，那新鮮出爐的香氣和微妙的鹹味更是無可取代的享受。我的吃法就沒那麼高標準，我都加上一大塊奶油和少許普羅旺斯自製微酸杏桃果醬，然後大口狼吞虎嚥地解決。也可以嘗試樸質甘醇、塞滿堅果內餡的杏仁可頌。

為巴黎最好的可頌麵包排名，就跟討論法國政治一樣具爭議性，每個人都有自己的意見，更有數不清的部落客死忠捍衛他們各自的名單。這裡我也加入戰局，加進我個人最愛的幾個可頌：Poilâne 和Du Pain et des Idées的可頌都非常好吃，但要咬到那種完美的酥脆感就要走遠一點，到第 12 區的Blé Sucré或第 15 區的Des Gâteaux et du Pain。

LE PAIN BIO

Brioche

布里歐麵包

布里歐最令人印象深刻的就是蛋奶香，這半麵包、半糕點的中間物源自法國，而不是奧地利。布里歐是用雞蛋、奶油、糖、牛奶做成的，有時還會加入鮮奶油。布里歐與一般發酵麵包的不同之處，在於它與維也納式糕點的特點很像：像糕點，但又具有麵包的蓬鬆感。也可以把布里歐當作蛋糕或甜點，往往會加入新鮮水果或蜜餞、巧克力或糖晶（coarse grains of sugar）。有時則會變成糕點的基底，加上其他配料或餡料，成為正式的甜品。布里歐也可以加入蔬菜、肉、起司成為鹹的餐點，經典的威靈頓牛肉就用到這款麵包。

多元化的布里歐是法國民族幼時共同的家常味，讓人想起幸福的童年，充滿從廚房飄出來剛出爐的酵母奶香。然而，布里歐曾是具爭議性的，法國歷史上大肆用來諷刺瑪麗安東尼的那句**「讓他們吃蛋糕」**的蛋糕，指的就是布里歐。

哲學家盧梭在自傳《懺悔錄》講述過一個偉大公主的故事，她建議當時沒有麵包的農民去吃布里歐，但這應該是在回應教堂缺乏**恩賜祝福的麵包**（pain bénit）。這個故事的可信度的確值得懷疑，但大多數現代歷史學家都同意故事中的公主並不是瑪麗安東尼，而且這位公主其實很有可能沒有嘲弄的意思，真的只是誠心想提出一些對健康有益的飲食建議。但我們永遠也不會知道！

關於布里歐最早的記載是在十五世紀，在諾曼地和法國北部專門生產奶油的地方最為常見。一般認為是從上帝恩賜的麵包轉變而來，也逐漸增添了更好的原料。到了十八世紀，布里歐開始用於宗教場合，如主顯節。經過世代麵包師傅和糕點師傅的精心調配，才逐漸演變成我們現在熟悉的奶油配方。

獨特的brioche parisienne或brioche à tête是一顆有著小頭冠和荷葉邊底部的布里歐，也是最常見的布里歐形狀。一大一小的麵團被放進圓圓的單獨烤模，進入烤箱，出來的成品就像是一個小頭冠下方連著一個大底座。布里歐加上奶油和酸甜的覆盆子果醬，再配上一杯熱騰騰的牛奶咖啡，早已成為巴黎人的經典早餐。

那麼誰做的布里歐最好吃呢？第一名再次由第15區的Des Gâteaux et du Pain贏得，緊追在後的是瑪黑的Pain de Sucre和左岸的Gérard Mulot。

南特爾布里歐

BRIOCHE NANTERRE

這個酥脆帶奶油香的布里歐麵包長得像條狀的吐司，有著香軟的麵包體加上油亮褐色的表面。普通的布里歐捲是由兩顆麵團組成、放進獨立烤模中烤熟，南特爾（法國西部一個市鎮）布里歐則是由兩排長麵團組成，在發酵的過程中會黏在一起。烘焙時，奶油品質是麵團品質的關鍵，法國產的無鹽發酵奶油最能賦予布里歐的金黃色澤和招牌奶油香。

份量：8 人份

2 ½ 茶匙乾酵母粉
2 湯匙溫飲用水
2 湯匙細砂糖
250 克（9 盎司）高筋麵粉
½ 茶匙海鹽片
4 顆雞蛋，稍微打散
225 克（8 盎司）無鹽奶油，在常溫下切丁

蛋液
1 顆全雞蛋

將酵母撒進溫水裡，放在溫暖處約 5 分鐘直到產生泡泡。

在另一個碗中放入糖、麵粉、鹽，稍微攪拌至混合。將麵粉和酵母水加進直立式攪拌機的碗中，裝上勾狀攪拌頭以低速攪拌，接著加入蛋。

低速攪拌 1 分鐘後，轉至高速攪拌 10 分鐘，直到麵團能從碗側拉開。加入奶油，再持續攪拌 5 分鐘，直到麵團變得光澤又有彈性。

將麵團移至大碗，用布巾蓋住，放置常溫 2 小時等待發酵，麵團的體積應該會膨脹成原本的兩倍。將黏黏的麵團切成四等份，每個都用手揉成圓球狀。

將 23×10 公分（9×4 吋）的模具內刷上一些奶油，讓烘烤好的麵包較易脫模。把四球麵團分成兩排放入烤模，用濕布蓋住放置常溫半小時。烤箱預熱至180℃／350℉／瓦斯烤箱溫度4。放進烤箱前，用剪刀在四顆麵團上剪一個十字形。刷上 1 顆全蛋打發蛋液，讓麵包外層烤熟後呈現光澤。

烘烤 20 ～ 25 分鐘直到表面呈金黃色，小心不要烤過頭。從烤箱取出後，將麵包脫模放到冷卻架上，這樣麵包底部散熱較快、不會悶住濕氣。剛出爐的麵包最好吃，配上法式奶油和果醬就可以吃囉！

POMMES

Pain au Chocolat and Pain aux Raisins

法式巧克力麵包和葡萄乾蝸牛捲

美味可口的法式巧克力麵包是可頌麵包的近親，在法國西南部和加拿大叫作「chocolatine」，也有人直接叫它巧克力可頌。通常糕點舖都會販售剛出爐的巧克力麵包和可頌，兩者使用相同的酥皮，都是以層壓的方式製作麵團，不過巧克力麵包中心包著一塊長條形的巧克力。這些飽滿又酥脆的矩形麵包結合了奶油糕點和苦甜巧克力，真的是絕配！

這個我很喜歡在白天當點心的麵包，直到十九世紀中才隨著巧克力磚的發明一起出現。歷史並沒有記錄究竟誰是第一位做巧克力麵包的師傅，但和布里歐一樣，它的起源應該是法國而非維也納，但不管是誰，他開啓了一個傳奇。現在，巧克力麵包是最熱門的下午點心，天曉得每天巴黎人能吃掉多少個，更何況是全世界的消耗量了。

Des Gâteaux et du Pain和Du Pain et des Idées都有好吃的巧克力麵包，但我認為後者稍微領先。這家位在第10區聖馬丁運河旁的店，得過許多獎項，正如店名所言，是個充滿麵包（Pain）和靈感（Idées）的地方。推薦你早點到，才能試試主廚Christophe Vasseur的香蕉巧克力麵包。

我要先承認，葡萄乾蝸牛捲是我最喜歡的維也納式糕點。沒有什麼比溫暖香脆、溢出卡士達醬和蘭姆酒浸泡過的飽滿葡萄乾的奶油酥皮麵包更好吃的了。除此之外，葡萄乾蝸牛捲外頭還包覆了一層糖衣，烘烤時會將整個麵包完全焦糖化。我願意為了吃一個好吃的葡萄乾蝸牛捲游過塞納河，就算裡面有鯊魚也沒問題！

可惜的是，它的螺旋形狀讓它得到一些不合時宜的別名，如葡萄乾捲、田螺等綽號。這些都讓它感覺沒那麼好吃了。

葡萄乾蝸牛捲熱量很高，因為是用奶油發酵的，奶油必須維持在特定的溫度，才能在成為酥皮時保持輕薄和帶空氣的口感，這也是為何葡萄乾蝸牛捲如此難製作的原因。同樣重要的是絕不能烤過頭，不然外觀會變得太乾，而且葡萄乾會皺縮。令人高興的是，巴黎有許多有經驗的糕餅師精通這款螺旋麵包的製作技巧。Blé Sucré的葡萄乾蝸牛捲非常完美，Mouline de la Vierge的也很好吃，更不能忘記我最喜愛的Des Gâteaux et du Pain和Du Pain et des Idées。

Madeleines

瑪德蓮小蛋糕

小而美的扇貝形瑪德蓮蛋糕能成為不朽的法式文化，都要感謝作家普魯斯特。在他的自傳式小說《追憶似水年華》那重要的一幕中，主角馬塞爾在吃了瑪德蓮後便回到了過往的童年回憶裡。不只馬塞爾，其實這些小海綿蛋糕對多數法國人來說都象徵一段美好的兒時記憶。奇妙的是，將這個小蛋糕浸泡在茶裡再吃的習慣已成為民族傳統：在2006年歐洲日，法國人就選用瑪德蓮代表法國參加歐盟的歐洲咖啡館倡議會議。

如同許多老式和懷舊的經典，那些起源總是被浪漫的故事圍繞。瑪德蓮小蛋糕其實並非大家想像的取名自聖母瑪利亞瑪德蓮，也不是以巴黎市中心的地標教堂為名。有人說可能是得名自十九世紀的糕點師傅 Madeleine Paulmier，但另一個傳說卻聲稱瑪德蓮源自十八世紀阿爾薩斯－洛林省的 Commercy 小鎮。據說，當時被流放的波蘭國王 Stanisław Leszczynski 的僕人用扇貝貝殼烤了一些小蛋糕，而扇貝是取道 Commercy 小鎮、前往西班牙星野聖地牙哥朝聖者的傳統象徵。國王因為太喜歡這個充滿檸檬奶油香的鬆軟點心，便大方地用僕人的名字來命名，而這位僕人正好叫作瑪德蓮。無論真相如何，這些都是好故事。

完美的瑪德蓮都是用最好的法國麵粉和奶油製作而成，奶油產自夏朗德省（Charente），這邊的奶油是全法國最香醇的。這款海綿蛋糕的麵糊裡有奶油、糖、蛋和麵粉，通常還會加入檸檬或橙花水調味，最後再淋上甘甜的柑橘口味糖霜。對我來說，最後這一道手續有錦上添花的效果，讓大家像普魯斯特那般對瑪德蓮如癡如醉、念念不忘。饕客一致認同這些纖巧精緻的小蛋糕應該是濕潤的、有著古銅色外表、帶著奶油香氣，更要依照波蘭國王的喜好，用象徵朝聖者的扇貝形徽章的烤模來烘焙。

幾乎所有好的糕點坊都有自己的瑪德蓮食譜，所以要花些時間考察出最好的。不過別擔心，第7區 Hugo & Victor 有公認非常厲害的瑪德蓮。我個人喜歡 Blé Sucré 的 Fabrice Le Bourdat 做的，我相信如果普魯斯特先生還在世，他也會在這裡選購。

傳統瑪德蓮佐橙霜

TRADITIONAL MADELEINES WITH ORANGE GLAZE

瑪德蓮象徵法國民族的兒時回憶。這份簡易食譜做出的成品和糕點店買的口味相當，傳統的食譜會用檸檬提味，我的做法則是加入現磨的橘子皮和糖霜。瑪德蓮有著引人注目的外表，要烤出標緻渾圓如同貝殼般的小蛋糕必須倚賴瑪德蓮專用烤模，但如果家中沒有這種模具，也可用比較淺的瑪芬烤模代替。現烤當天食用口感最佳，如果沒吃完可密封保存幾天。

份量：24 個

130 克（4 ¾ 盎司）無鹽奶油（建議用夏朗德產區的奶油），外加一些塗抹烤模

3 顆雞蛋，常溫

1 顆蛋黃

120 克（4 ½ 盎司）細砂糖

1 小撮鹽

175 克（6 盎司）中筋麵粉

1 茶匙泡打粉

2 顆現磨橙皮

橙霜

150 克（5 ½ 盎司）糖粉

2 湯匙現榨柳橙汁

將奶油用小平底鍋以中火加熱融化，直到奶油變成深金黃色並散發出堅果香氣，小心不要過度加熱，關火把鍋子移至一旁冷卻。

將瑪德蓮專用烤模刷上一層奶油，撒上少許麵粉，放進冰箱。

用直立式攪拌機將蛋、蛋黃、糖、鹽持續攪拌 5 分鐘，直到麵糊起泡和變稠。

把橙皮加入冷卻的奶油，接著慢慢將奶油倒進麵糊中，同時輕輕用手持攪拌棒把奶油翻攪進麵糊中。

將麵糊加蓋，放入冰箱冷藏至少 1 個半小時。烤箱預熱至 220℃／425 ℉／瓦斯烤箱溫度 7。

將麵糊舀出，倒進每個烤模直到約 ¾ 滿，但不用斤斤計較，讓麵糊自然擴散就好，不用抹開。放入烤箱上層烤架烘烤 8 ～ 9 分鐘，直到表面呈金黃色、摸起來扎實有彈性。

糖霜的做法很簡單，直接將糖粉和橙汁攪拌到完全均勻即可。

將瑪德蓮從烤箱取出，放上冷卻架降溫，冷卻後在兩面都刷上糖霜，留在架上直到糖霜凝固。

Financiers

費南雪小蛋糕

法式費南雪在世界其他地方大多被稱為**費安**（friand）小蛋糕，是我很喜歡的一款點心。這個名字源自於它類似金磚狀的特殊矩形烤模，所以其實跟銀行家的喜好或巴黎的金融區無關（編註：financier 字面意思為金融家）。

費南雪的起源不明，極有可能源自某種地中海地區的糕點，因為那兒盛產杏仁。如今，這種濕潤像海綿的堅果味茶餅已成為深受人們喜愛的巴黎小點。主要成分是磨碎的杏仁、麵粉、蛋白、糖粉，最重要的是「beurre noisette」，意思是「棕色奶油」，也就是**褐化奶油**（hazelnut butter）。簡言之，就是將高品質的奶油用平底鍋加熱，直到變成金黃色，散發出堅果的香氣。有人也會加入搗碎的杏仁，但我比較喜歡原本簡約的配方，真的不需要加入太多花俏的變化就很好吃。

跟費南雪最像的糕點是被稱為費安的小蛋糕，在我的家鄉紐澳地區掀起森林大火般的熱潮。與費南雪相比，費安小蛋糕是用橢圓的模具烘烤而成，口味也比較多變，常會加入莓果、椰子、巧克力或其他材料。在澳洲和紐西蘭，只要有豆奶拿鐵的地方，就可以找到費安小蛋糕。而法國的「費安」則是完全不一樣的東西，它是被形容為**「小豬裹棉被」**的鹹點：酥皮內包著一條香腸。

在巴黎，最容易讓我掏錢的費南雪金磚可以在 Hugo & Victor、Blé Sucré、Gérard Mulot、Des Gâteaux et du Pain 或連鎖麵包店 Moulin de la Vierge 市區的各分店找到。

澳洲式覆盆子費安小蛋糕

FRIANDS FRAMBOISE D'AUSTRALIE

澳洲稱「法式費南雪」為「費安小蛋糕」。說到甜點，任何明理的人應該都不會自作聰明去指正法國人和他們的品味，但我必須坦白說我覺得澳洲式鬆軟的費安小蛋糕遠比巴黎糕點店內買到的乾硬費南雪好吃多了（嗯，我下次去巴黎時非常有可能會失聲尖叫地被拖去斷頭台！）。

製作過程並不複雜，重要的是要用新鮮的食材和好的焦化奶油。巴黎的費南雪都是用像金條的長方形模具烤的，在澳洲和紐西蘭則是用橢圓的小蛋糕杯模，如果你都沒有，也可以用瑪芬烤模替代。

份量：8 個

190 克（6 3/4 盎司）無鹽奶油（建議用夏朗德產區的奶油），外加一些塗抹烤模

150 克（5 1/2 盎司）新鮮覆盆子

200 克（7 盎司）糖粉，外加一些撒在蛋糕上

65 克（2 1/3 盎司）中筋麵粉

135 克（4 3/4 盎司）杏仁粉

6 顆蛋白

打發鮮奶油或覆盆子醬，搭配食用

烤箱預熱至 180℃／350℉／瓦斯烤箱溫度 4。在 8 個小烤模杯裡刷上奶油。將一半的覆盆子壓碎後放置一旁。

製作焦化奶油：將奶油用小平底鍋以中火加熱融化，直到奶油變成深金黃色並散發出堅果香氣，小心不要過度加熱，關火把鍋子移至一旁冷卻。

將糖粉、麵粉、杏仁粉過篩，倒進攪拌碗中，用手輕輕混合。

在另一個碗中將蛋白打發到起泡。在乾粉的碗中挖一個洞，倒入蛋白，加入壓碎的覆盆子。小心地將焦化奶油也一起拌進去，成為一碗綿密的麵糊。

將麵糊平均分配倒進 8 個烤模中，將剩下的整粒覆盆子放在麵糊上面，烤 20 分鐘。等到蛋糕表面呈金黃色、摸起來扎實有彈性時即完成。可用牙籤戳進蛋糕，如果拿出來時沒有沾黏即可。讓小蛋糕在烤模中降溫 5 分鐘再轉放至冷卻架上。

在表面撒上一些糖粉，搭配打發鮮奶油或覆盆子醬食用。

PAINS
FRANÇAIS
VIENNOIS
CHAUDS
A TOUTE HEURE
PAINS SUR LEVAIN
VIENNOISERIE
AU BEURRE
BISCOTTES
BOULANGERIE
Brioche pur
Beurre
4 70 €

2me. ARRt.

RUE
DU CROISSANT

Tarte aux Pommes

蘋果塔

法國人最擅長的就是水果塔了，他們的準確和完美度無可挑剔！塔上的水果總是切片得漂漂亮亮的，再以螺旋狀仔細排列在薄薄的塔皮上，最上面塗上一層亮亮的糖衣，如此的精緻，讓所有在家烘焙的業餘廚師看了好生羨慕。正如眾所期望，在巴黎可以找到各式令人垂涎三尺的水果塔，而這些通常都是依照各家糕點店小心翼翼保護的食譜所做出來的。但大家最喜愛的塔、所有甜塔之母正是蘋果塔！如今，蘋果塔被視為法國最受歡迎的甜點，每個家族都有自己媽媽味道的家傳食譜，一代一代傳承下來。

這款經典傑作似乎是從糕點發明後就存在了，由酸甜多汁的蘋果搭配酥脆的硬塔皮，似乎是最理所當然的組合。蘋果塔有時也稱為諾曼地塔（tarte normande），也許是蘋果塔源自諾曼地的線索。更小的版本被稱為 tarte fine，正如名字所言，這種塔使用更薄的塔皮（譯註：fine 為法文的纖細），當然還有眾所皆知的翻轉蘋果塔（tarte tatin，見 p.110），而最迷你的蘋果塔則是蘋果千層派（tartelletes aux pommes）。

作為基底的甜塔皮應該要是很法式的那種，要甜、脆、薄，像餅乾但又不易裂成碎屑。當然還要用最好的法國奶油，再加進一或兩顆蛋黃讓質地更順口。有些食譜會在蘋果和塔皮中間添加一層杏仁內餡，能將所有味道結合；較樸素的版本則單純用多層的蘋果當內餡。

蘋果的品種絕對會決定塔的口感，通常不同的食譜會指定不同的蘋果。許多糕點師堅持使用史密斯奶奶：這是一種青蘋果品種，因為它的酸度和甜度剛好平衡，且經加溫烤熟也還是能保持果肉的質地。不過蘋果的種類實在太多了，任何果肉扎實的品種其實都適用，不管是標示適合烹飪或直接食用的都可以，像是 Egremont Russets、Bramleys 或 Cox's Orange Pippin。最終，選用的蘋果要能在烹調過程中熟成出汁和焦糖化成古銅色色澤。

我對蘋果塔一點都不陌生，從街坊糕點舖剛從烤箱新鮮出爐就切片的，或在露天咖啡廳佐香草冰淇淋享用的，蘋果塔對我來說是巴黎最豐盛的口味之一。在吃過這麼多甜塔後，知名麵包店 Poilâne 的樸實經典蘋果塔是我無可爭議的首選。Poilâne 現在由年輕有活力的 Apollonia Poilâne 管理，隨性的塔皮中裝著大塊香軟、焦糖化成完美褐色的甜蘋果。這個蘋果塔清脆、略帶鹹的味道真的會令人上癮。

Tarte aux
Abricots
Sur crème d'amandes
Prix : 22,30€

傳統蘋果塔

TRADITIONAL TARTE AUX POMMES

這正是法國媽媽和奶奶會為週日午餐準備的甜塔。塔本身的製作過程還算簡單，比較困難的是要花點心思排列表面的蘋果，一片片如花瓣般散開。至於材料，我最喜歡用青綠色的蘋果（史密斯奶奶），但任何其他偏甜的蘋果品種烘烤過的效果也都不錯。

份量：6-8 人份

250 克（8 ¾ 盎司）甜塔皮麵團（法式甜塔皮製作請參考 p. 147）

杏仁內餡

100 克（3 ½ 盎司）無鹽奶油，外加一些塗抹烤盤

50 克（1 ¾ 盎司）細砂糖

100 克（3 ½ 盎司）杏仁粉

2 顆雞蛋（大）

蘋果內餡

4 顆青蘋果（削皮、去籽、切薄片）

50 克（1 ¾ 盎司）融化奶油

½ 顆雞蛋，打發當亮色蛋汁

糖衣

4 湯匙杏桃果醬

2 湯匙飲用水

選用直徑 23 公分（9 吋）、可脫底的烤模，將甜塔皮麵團從冰箱取出，置於室溫 10 分鐘後再擀開。將麵團用擀麵棍擀開至厚度約 3 公釐（ 1/10 吋），將塔皮鋪上烤盤，壓緊到完全附著在烤模上。用叉子在塔皮底部戳洞，再次放進冰箱約 2 小時，可確保烘烤時塔皮不會縮小。

烤箱預熱至 180℃／350℉／瓦斯烤箱溫度 4。在塔皮上鋪上烘焙紙後再倒進壓派石定形。將塔皮放進烤箱預烤 10 分鐘至表面呈金黃色，從烤箱取出後先放置待冷卻後再冷藏。

杏仁內餡的做法：先把奶油和糖攪拌均勻，接著由下往上將杏仁粉拌進去。加入蛋，再次攪拌至均勻。用湯匙將杏仁餡鋪進塔皮中，最上面用抹刀抹平。

由外往內以迴旋形排放蘋果片，直到杏仁餡完全被覆蓋，上面的蘋果會自然地蓋住下層。

烤箱預熱至 160℃／325℉／瓦斯烤箱溫度 3。放進烤箱烤 25 ～ 30 分鐘。剛烤 5 分鐘時，打開烤箱，在表面刷上融化的奶油，繼續烤到蘋果開始呈現褐色。最後 5 分鐘把蘋果塔拿出來，在表面再上一層蛋汁。再次放進烤箱烤 5 分鐘，直到蘋果片邊緣開始焦化。

將杏桃果醬和飲用水用平底鍋加熱，過濾進碗中。從烤箱取出蘋果塔時，刷上一層厚厚的溫糖衣在蘋果片上。蘋果塔溫熱或冷的都好吃，可配上法式酸奶酪或香草冰淇淋享用。

ET DE CHAUSSONS
POMMES FRAICHES
CHOCOLAT
RENNES
PRALINES CHOCOLAT

Chausson aux Pommes

蘋果千層派

排在葡萄乾蝸牛捲之後的，是我的另一個最愛：蘋果千層派。這個半月形的口袋餡餅有著維也納式的酥皮，所以應該也是跟其他千層酥皮的糕點一起在法國十七世紀時被發明出來的。François Pierre de la Varenne在《法國菜譜》中提到一種「像鼓鼓的臉頰的糕點，收邊整齊，裡面塞滿香草糖漿醃漬的蘋果醬」。聽起來是不是很熟悉？

這種折疊蘋果派在法國民間傳說中也占有一席之地。九月的第一個週末，聖加萊市的糕點師、麵包師、甜品師全聚在一起慶祝蘋果千層派的慶典（Fête du Chausson aux Pommes），來紀念1630年解救城市饑荒的一位莊園女主人。1837年，在法國東北部的Lemud公社，蘋果千層派的大小是直接將普通塔皮對半折疊，稱為conn-ché，公認是蘋果千層派的前身，在比利時稱為gosette aux pommes。

讓內餡和千層酥皮達到完美的平衡比例，是蘋果千層派的一大關鍵。最極致的蘋果千層派外層要有酥脆金黃、層層分明的拖鞋狀開口，內餡則要吸收酸甜的蘋果餡——塊狀、香酥、辛辣而且不能太甜，一定要滲出天然蘋果汁的美味。煮糊的過熟蘋果是絕對不合格的，塔皮或內餡太多也都不行，更絕不應該加太多糖蓋過其他味道，內餡要保有香草和肉桂的辛辣。

蘋果千層派表面通常有簡單的裝飾，有些師傅會畫上像是樹的圖案，或是人字形，甚至只是簡單劃一道縱向開口，好讓蘋果餡的蒸氣有地方散出來；最外層則刷上一層蛋汁，再撒上糖，讓表面看起來亮亮的。

蘋果千層派在巴黎相當普遍，但並不表示就比較容易找到好吃的。最古老的糕點店Stoher至今仍然依照傳統方式製作，如果你恰巧買到剛出爐的蘋果千層派，你真的是太幸運了！Blé Sucré的也非常好吃。Du Pain et des Idées的Christophe Vasseur則是將整顆新鮮蘋果放進內餡，咬開後迸出的蘋果香令人驚艷。Des Gâteaux et du Pain再次贏得我的心，他們的千層酥皮是用新鮮奶油和Guérande海鹽做的，內餡不只有辛辣的蘋果餡，還加了烤蘋果塊，真的很別緻。

蘋果千層派

CHAUSSON AUX POMMES

要成功製作這只「拖鞋」（編註：蘋果千層派字源為法文Chausson，意為拖鞋），關鍵就在蘋果餡份量的拿捏。將黃金比例的蘋果餡小心翼翼折進口袋式的酥皮，餡料太少，只吃得到酥皮，餡料太多，又會溢出來。法國人愛用黃蘋果，我個人則偏好酸一點的青蘋果。如果有時間或想要挑戰自我，可以嘗試從麵團做起，等不及要開動的就用市售的酥皮麵團。

份量：4 個

4 顆青蘋果

60 克（2 ¼ 盎司）細砂糖，外加少許最後撒上

1 小撮鹽巴

¼ 顆檸檬汁

15 克（ ½ 盎司）無鹽奶油

½ 茶匙肉桂粉

350 克（12 ⅓ 盎司）酥皮麵團，解凍但仍保持在低溫

1 顆蛋黃，打發當蛋汁

法式肉桂酸奶酪

1 茶匙肉桂粉

3 湯匙糖粉

250 毫升（250c.c.）法式酸奶酪

烤箱預熱至200℃／400℉／瓦斯烤箱溫度6。將蘋果削皮去籽，切成厚度約1.5公釐（½吋）的片狀，和糖、鹽一併放入大碗中，擠一些檸檬汁進去，用手將所有材料拌在一起。

把蘋果、奶油、肉桂全部放進平底鍋中用小火加熱，煮到蘋果開始軟化和所有的糖都溶解後轉成中小火，讓果汁濃縮。當蘋果看起來已煮透便可關火。

在工作檯上撒上麵粉，避免麵團沾黏檯面。用擀麵棍將酥皮麵團擀開至厚度 5 公釐（⅕ 吋），切出四片約大碗直徑的圓形麵皮。再將每個圓形擀薄至 3 公釐（1/10 吋），變成橢圓形。

在每片橢圓麵皮的一半放上適量的蘋果餡，不要放太多。用刷子沿著橢圓刷一圈蛋汁，將麵皮對折成半月形，然後把邊縫壓緊，可用叉子製作波浪效果。在每個派的上面畫三道小開口，接著刷上蛋汁，撒上一點糖。

將四個千層派放上烤盤，放入烤箱烘烤 20 分鐘直到酥皮膨脹，蘋果、奶油香氣撲鼻，這時候表面應該呈現金黃色。

法式肉桂酸奶酪製作：其實就是將糖粉、肉桂、法式酸奶酪全攪拌均勻，放進冰箱冷藏 。

溫熱的蘋果千層派加上冰涼的法式肉桂酸奶酪是最佳組合。

CAFÉ DU
MÉTRO

5

魅力甜點

Decadent Desserts

每當提及美味可口的甜品時，巴黎絕對是**首選**。從飽滿的水果派到香醇濃郁的巧克力慕斯，法國人確實太瞭解要如何勾引我這種意志薄弱的甜點控。

甜品以各式樣貌出現在巴黎無數的餐廳、糕點坊、茶室和咖啡館內。有時甜點和糕點其實很難區別，但大可不必分得太清楚，因為兩者帶給人們的滿足感不相上下。如今，甜品不再只是為完美的一餐畫上句點的結尾，而是任何時候想自我放縱一下的解壓點心，無論白天或晚上，全天候都可以來一份。就是因為如此高的需求，巴黎的糕點店、美食店和超市到處都能見到你想像得到的各類甜點。勤奮的巴黎人沒有時間進廚房，時常依賴這些糕點當午餐或晚餐。經過店面的路人也會機動式地停下腳步外帶一塊，享受魔法的滋味。

法國甜點是如此廣泛的主題，為了簡便起見，我在本章僅提及幾種我特別中意的巴黎經典。事不宜遲，現在就讓我們開動吧！

~

Tarte Tatin and Mousse au Chocolat

翻轉蘋果塔和巧克力慕斯

華麗氣派、酸甜多汁的蘋果片恣意悠遊在焦糖糖漿中，下面墊著羽絨被般的千層酥皮，還有什麼比得上翻轉蘋果塔？

據說，一切都是在十九世紀末巴黎南部一間由 Tatin 家族經營的旅館開始。其中一個版本的故事是：有天 Stéphanie Tatin 在做傳統蘋果塔時，不小心將蘋果煮過頭了，便試著翻轉整個派以防止蘋果燒焦。另一個比較可信的說法是：她不小心將蘋果塔烤錯面了，導致蘋果在烘烤過程中吸收了滿滿的焦糖，成為現在滿滿焦糖香的經典之作。這道甜點深受旅館客人喜愛，知名度逐漸大增，直到今天都還是 Tatin 旅館的招牌菜。真正讓翻轉蘋果塔名留歷史的應該是巴黎 Maxim's 餐館的老闆 Louis Vaudable，是他將這道餐點加進他們的甜點菜單成為永久品項。

很不幸的，很少餐廳（尤其是巴黎的餐館）能夠做出完美的**翻轉蘋果塔**。他們經常選錯蘋果，因此烤出來的派上都是稀爛的棕色果泥，糕點舖製作的可就好吃多了，但通常是單人份的縮小版本，比較不像原始的翻轉蘋果塔，而是現代的改版。Des Gâteaux et du Pain 的翻轉蘋果塔很好吃，圓圓的蘋果直接加在餅乾殼上，最上面淋上山核桃堅果糖漿。Blé Sucré 的亮眼視覺系版本是酥脆的酥皮基底蓋上美味的半個太妃蘋果。雖然我還沒有機會嘗試，但聽說 Berthillon 和 Lenôtre 的茶室都有很正統的翻轉蘋果塔。要品嘗正統的翻轉蘋果塔可能還是得去 Maxim's，或者參考下一頁的食譜在家試試！

巧克力慕斯在巴黎也擁有許多忠實的追隨者，尤其是各年齡的兒童。簡單的食材（打發的巧克力加上雞蛋和奶油），讓巧克力慕斯成為糕點師喜愛的畫布，他們喜歡在這個甜點裡加入各種巧思，做出與兒時回憶完全不同的新形態慕斯。Gérard Mulot 就用牛奶和黑巧克力創造出顛覆傳統慕斯的代表作「Coeur Frivole」。Maison Caroline Savoy（名廚 Guy Savoy 女兒的店）則販售一種裝在玻璃罐中的巧克力慕斯杯。現在的確比較難找到傳統那種口感蓬鬆綿密但巧克力味濃郁的巧克力慕斯，只有在某些小酒吧和咖啡館可以吃到，所以如果你知道哪裡有，一定要記得跟我們分享！

duPAIN

翻轉蘋果塔

TRADITIONAL TARTE TATIN

這個食譜是我稍微修改傳統的翻轉蘋果塔做法而成。模具不一定只能用特製的蘋果塔烤盤，但因為要直接在爐子上煮焦糖再放進烤箱，建議選擇厚底鐵或銅的平底鍋這類可承受高溫的替代品。多數食譜會選用甜蘋果，但我個人再次偏好用酸甜的青蘋果，在烘烤過程果肉的扎實度讓蘋果比較不會太軟跟散開。小撇步是送進烤箱前要將塔皮蓋住蘋果並緊緊壓上。

份量：6 人份

350 克（$12\frac{1}{3}$ 盎司）酥皮麵團
5 顆中型青蘋果
100 克（$3\frac{1}{2}$ 盎司）無鹽奶油
160 克（$5\frac{3}{4}$ 盎司）細砂糖
$\frac{1}{2}$ 茶匙肉桂粉

適量打發鮮奶油，搭配食用

烤箱預熱至 200℃／400 ℉／瓦斯烤箱溫度 6，選用一個合適的不鏽鋼或銅製的炒鍋，直徑約 20 公分（8 吋）。將塔皮麵團用擀麵擀桿開至厚度約 3 公釐（$\frac{1}{10}$ 吋），比照鍋子的尺寸將塔皮切成比鍋子稍大一點的圓形，到時要覆蓋壓上。將準備好的塔皮用保鮮膜包好放入冰箱冷藏。

將蘋果削皮、對半切開並去籽。

將奶油和糖用同一個鍋子加熱直到冒泡，等到開始焦糖化、顏色變深。

快速將蘋果放入鍋中，剖面朝上，緊密排放，然後撒上肉桂粉。蓋上鍋蓋，用中火燜煮 5 ～ 8 分鐘，讓焦糖在沸騰時淹沒蘋果塊。煮到蘋果軟化、焦糖色澤呈現深咖啡色、質地像太妃醬般濃稠時再關火。

用塔皮蓋住蘋果塊、緊壓進鍋子內，可用刀子幫忙把塔皮邊邊塞進鍋側，直到沾到焦糖醬。

將鍋子放上烤箱最上層烤 25 ～ 30 分鐘，直到酥皮鼓起並呈現金黃色。

從烤箱取出鍋子，放置 1 小時讓蘋果更入味。準備上桌時，將鍋子放上火爐微微加熱。最後用盤子蓋上鍋子，以翻轉的方式將派取出，這樣塔皮就會在底部。建議搭配打發鮮奶油享用。

巧克力慕斯

RICH CHOCOLATE MOUSSE

很多傳統法式巧克力慕斯的做法都過於濃郁，因為加入高脂鮮奶油和奶油，手續更是複雜。這個食譜只需要三樣食材，但一樣可以做出香濃的巧克力味。過程中，需要用點力將蛋打發，但成品會證明一切都是值得的。注意，當食譜中需要使用生雞蛋時，盡量選擇新鮮的有機雞蛋確保食用品質。

份量：4 杯

120 克（4 ¼盎司）苦甜黑巧克力
4 顆雞蛋（大）
25 克（1 盎司）細砂糖

用鋒利的刀將苦甜黑巧克力切成碎片，放入耐熱碗中，接著架上鍋子，以小火隔水加熱，碗底不要與鍋底直接接觸。等碗中的巧克力開始融化，輕輕攪拌至整碗巧克力呈現光滑均勻的漿狀。

將四顆蛋的蛋黃和蛋白分別放進兩個乾淨的攪拌碗中。用電動攪拌器將蛋白打發至綿密的白泡，慢慢將細砂糖分次加入，持續打發至蛋白泡沫呈現硬挺狀。

確定巧克力漿稍微冷卻後，把蛋黃加進巧克力中，拿木匙用力攪拌至均勻。如果巧克力還太燙，蛋黃會煮熟，但太冷又會很難攪拌。

用抹刀輕輕將 ¼ 份蛋白霜依次翻折進巧克力，直到全部均勻。不要過度攪拌以免空氣被擠壓出來，讓慕斯喪失輕飄飄的口感。

將慕斯盛進凍糕用的個人杯中，冷藏至少 3 小時，直到凝固定型。配上一球打發鮮奶油品嘗。

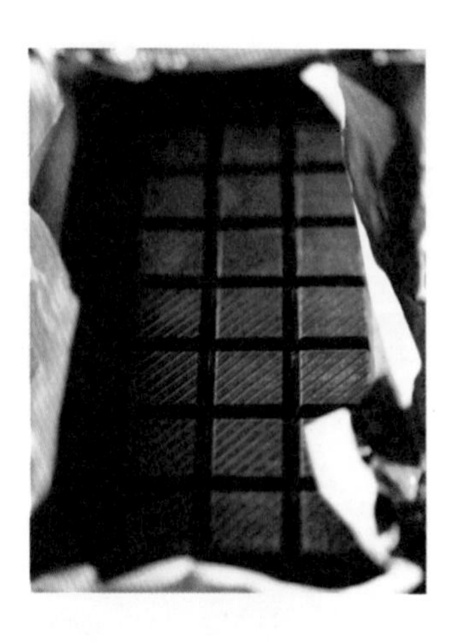

SALLE À MANGER

RESTAURANT
Mon Paul

Tarte au Chocolat

巧克力塔

酥脆微甜的塔皮中填入滿到塔皮邊的濃郁柔滑甘納許，真的沒有什麼能比法式巧克力塔更極致了，完全具備了人們想在甜點裡體驗到的所有特質！

順道一提，「甘納許」（ganache）這個名稱來自一場意外。十九世紀中有位巧克力學徒不小心將煮沸的熱鮮奶油倒進融化的巧克力中，他的師父氣急敗壞地罵他「 ganache 」，即是當時說人家是笨蛋的俚語。雖然這位學徒再也洗刷不掉這個臭名，幸運的是柔滑醇厚的巧克力甘納許也一起被留下，成為今天世界各地的巧克力師傅精心製作巧克力的一種手法 。這是個有趣的故事，但極有可能像巧克力本身，是隨著時間累積越來越華麗的裝飾。

在巴黎較不繁華的區域閒逛時，我經常從每個轉角的糕點坊都會遇到的那些看似簡單的巧克力塔中尋求靈感，它們充滿了激情的撲鼻香味，美味的巧克力立即讓你的腳步輕盈快樂，彷彿正在聆聽法國傳奇歌手查爾斯．阿森納沃爾（Charles Aznavour）的香頌。

La Maison du Chocolat最出名的是藏在甜塔皮殼中的迷你巧克力塔，在巴黎的所有分店都能買到。左岸Gérard Mulot的巧克力塔讓你花的每一分錢都值得，上面裝飾著金箔，散發出法式的獨特風情。可可大師Jean-Paul Hévin則做一種時尚的多層巧克力塔，內有三種不同的甘納許，最上面放上一片刷上糖的脆餅。

苦甜巧克力塔

BITTERSWEET TARTE AU CHOCOLAT

我經常為家中的晚餐派對做這個豐盛的巧克力塔，這道甜點很簡單而且總是很受歡迎，幾乎每次都會引起驚呼和眾人的稱讚。

份量：6 人份

250 克（9 盎司）甜塔皮麵團（請見 p. 147 法式甜塔皮食譜）

巧克力甘納許

200 克（7 盎司）苦甜黑巧克力

250 毫升（250c.c.）高脂鮮奶油

1 條香草莢

100 克（3 ½ 盎司）細砂糖

25 克（1 盎司）無鹽奶油，切丁，外加少許塗抹烤盤

選用直徑 23 公分（9 吋）的可脫底烤模，將甜塔皮麵團從冰箱取出，放置室溫中 10 分鐘後再擀開。將塔皮麵團用擀麵棍擀開至厚度約 3 公釐（ 1/10 吋）， 將塔皮鋪上烤盤，壓緊到完全附著在模具上。用叉子在塔皮底部戳洞，再次放進冰箱至少 2 小時，可確保塔皮在烘烤時不會縮小。

烤箱預熱至 180℃／350℉／瓦斯烤箱溫度 4。在塔皮上鋪上一張烘焙紙後再倒進壓派石定形。將塔皮放進烤箱預烤 10 分鐘至表面呈金黃色，從烤箱取出後先放置冷卻再冷藏。

接著開始準備甘納許，將全部巧克力都切成碎片後裝入耐熱碗中。將鮮奶油倒入中型平底鍋。香草莢橫向對切後，用刀背輕輕將籽刮出，將香草籽和香草莢一起放入鮮奶油鍋中。放入糖，加熱煮至冒泡約 30 秒，輕輕攪拌直到糖完全溶解。將香草莢取出，加入巧克力，等待 1 分鐘讓巧克力碎片融化，接著輕輕畫圓快速攪拌，由碗中心向外攪拌至滑順。慢慢加入奶油，繼續攪拌直到甘納許呈現亮亮的絲綢狀。

當巧克力漿、鮮奶油和奶油全都攪拌均勻後，從冰箱拿出塔皮，倒進甘納許內餡，放置冷卻，再冷藏 2 小時。等到內餡硬化成型後，切片搭配打發的鮮奶油或香草冰淇淋享用。

經典巴黎小酒館布蕾

CLASSIC PARISIAN BISTRO CRÈME BRÛLÉE

十七世紀的法國名人專屬主廚François Massialot發明了布蕾，這種焦糖布丁上有一層用火燒過的脆糖衣。這款經典蛋奶布丁是巴黎小酒館內常見的甜點，也是許多人的最愛（原味的，在沒添加水果或巧克力的情況下比較受歡迎）。對我來說，布蕾的精髓就是濃厚香草香的布丁和脆脆的糖碎片。關於焦糖化的糖衣，最簡單的方法是使用廚師級的噴槍。若你手邊沒有專業器材，可以將模杯盡可能靠近烤架上的熱火，但要一直緊盯著以免過焦。最後，記得烤好後要讓杯子涼一下，讓糖衣結晶和模具冷卻後再享用。

份量：6 人份

600 毫升（600c.c.）高脂鮮奶油
2 大條香草莢
8 顆蛋黃
30 g（1 盎司）細砂糖
6 湯匙細黃糖

烤箱預熱至160℃／325℉／瓦斯烤箱溫度3。將鮮奶油倒入有鍋蓋的中型平底鍋。香草莢橫向對切後，用刀背輕輕將籽刮出，將香草籽和香草莢一起放入鮮奶油鍋中。加熱煮到沸騰，再用小火滾幾分鐘。關上火後，將鍋蓋蓋上讓香草莢浸泡 15 分鐘，鮮奶油會更加入味。

將蛋黃和糖在耐熱碗中打發到淺黃色的絲綢狀。將鮮奶油再次加熱到沸騰，將香草莢取出，接著倒入蛋汁。將火轉小，持續快速攪拌至如卡士達般的濃稠度。絕對不要煮沸，不然蛋黃會凝固結塊。

將蛋奶布丁平均倒入 6 個 150 毫升（150c.c.）的烘烤杯具中，約七～八分滿即可。在至少 8 公分（3 吋）深的烤盤中放入 6 杯布丁，再加入蓋過杯子 3/4 高的熱水，成為隔水加熱的水池（即所謂BAIN MARIE）。將烤盤放入烤箱中間層，烤 35 ～ 40 分鐘，布蕾應該會呈現微微的凝固狀態。把杯子從熱水池中取出，冷卻後再放入冰箱冷藏。

上桌前一小時，在布丁表面撒上一湯匙黃糖，用噴槍或烘烤的方式將表面燒到冒泡焦糖化。放置冷卻幾分鐘再放入冰箱，直到餐後甜點時間即可上桌！

JEAN MILLET
MILLET
BOULANGER
DE CHAILLOT

6

冰淇淋、義式冰淇淋和冰砂

Ice Cream, Gelato and Sorbet

據說羅馬是世界冰淇淋之都，就算冰淇淋不是義大利人發明的，他們卻毫無疑問是真正讓冰淇淋臻至完美的民族。不過，依我的淺見，巴黎絕對稱得上勢均力敵的第二。在不得罪我義大利朋友的情況下，我必須老實說我在巴黎經常吃到比義大利好吃的冰淇淋，而且我是冰淇淋的重度愛好者喔！我和其他冰淇淋愛好者一致認為 Berthillon 有地球上最好的某些冰淇淋口味，現在還可以在巴黎找到。

這些日子以來，我和多數巴黎人一樣，在歷史悠久的傳統法式冰淇淋和最近流行的義式冰淇淋之間左右為難。相較之下，用奶油和雞蛋凍結而成的傳統法國手工冰淇淋，口味和質地更為濃郁。我挺喜歡這種香濃光滑的質感和巴黎獨特的傳統口味：在歷史悠久的法式經典冰淇淋店 Raimo，能吃到充滿法國情調的栗子或焦糖鹽奶油口味。

這幾年在巴黎市區出現越來越多義式冰淇淋店，不只巴黎人，遊客也都偏好這種口感細緻綿密又清爽的冰品。在傳統冰淇淋愛好者的認知裡，義式冰淇淋只比最糟的義式凍乳霜稍微像樣些；而義式冰淇淋的愛好者只認定用全脂牛奶製成的冰品，並相信不應該摻雜奶油或雞蛋，不過現今許多廠商還是會使用這兩種成分，讓他們的義式冰淇淋更加香醇濃郁。老實說，兩者的差異逐漸變小，有時很難區分冰淇淋和義式冰淇淋。雖然各自具有獨特的魅力和味道，但為了贏得挑剔巴黎人的心，這場爭奪戰還是持續進行中。

正如巴黎所有的事物，這裡的果汁冰砂也是一場豐盛的感官體驗，真材實料的新鮮果汁製造出令人難以置信的水果口味。這種濃縮、不依賴人工香精的極致口味，已成為巴黎冰砂製造者驕傲的精緻味覺形式。就像我最近在巴黎的回憶，一點點味道便令人回味無窮。那個溫暖的夏夜，我吃著新鮮草莓冰砂，站在塞納河橋上，聆聽橋墩下的薩克斯風樂聲，只能說一切都太魔幻了！

Glace or Gelato?

冰淇淋或義式冰淇淋？

據說佛羅倫斯的凱薩琳．梅迪奇是第一個將冰淇淋從義大利引進法國的人，她在1533年嫁給亨利二世，成為法國王后。法國第一個關於「有味道的冰」的食譜，最先出現在藥劑師Nicholas Lémery在1647年左右寫的書中。在François Massialot 1692年出版的食譜中，也可找到更多相關食譜，據說依照他的配方通常會做出礫石般的粗獷質感，與現在綿密的冰淇淋口感相去甚遠。

很多人都介紹過位在聖路易島上歷史悠久的Berthillon。創立於1954年，這間店面已成為景點，你應該找不到比這裡還要誘人的冰淇淋店。他們標榜只用天然原料，這間總店供應36種傳統手工冰淇淋口味，外加其他30種奇特的冰砂雪酪口味。巴黎人最喜歡的是野莓口味，但如果剛好遇到限量的塔丁冰淇淋（Glace Tatin，裡面是香草焦糖冰淇淋佐焦糖蘋果），絕對要把握機會嘗嘗。現在的管理者是Berthillon先生家族的後代，他們對自家忠實的追隨者相當有信心，每到暑假（冰淇淋旺季）還是會關店數週，加入法國人的假期。但不用擔心，許多咖啡館、茶室、餐廳都會提供這家的冰淇淋作為甜點（這些店門口會標示Berthillon的招牌）。

在島上接著走到下一個路口就是義式冰淇淋連鎖品牌Amorino，在巴黎各處都有分店。他們的店面色彩艷麗，宛如花瓣的甜筒冰淇淋是用抹刀一片片抹上的，而非挖起來的。這邊有許多創新異國風味的口味如百香果，而我最愛的是有機豆奶巧克力。從這裡出發，穿過Pont Marie橋走到Roi de Sicile路上，你會在Pozzetto找到正統的義式冰淇淋。翠綠色的開心果口味採用純正的西西里堅果製作，還有用蛋黃、糖、瑪沙拉酒做的美妙沙巴雍（zabaione）。

備受矚目的Raimo在第12區的店也非常值得一訪，雖然遠在巴黎東邊，卻能在那兒享受他們華麗的花香口味（如薰衣草、玫瑰和紫羅蘭），令人心滿意足。我也很喜歡到Deliziefollie享用道地的義式冰淇淋。Le Bac à Glaces的純天然口味也吸引許多目光，可試試少見的獨家酪梨口味。第7區的Martine Lambert也是不錯的傳統冰淇淋店。別忘了，許多糕點店和糖果店也有自家的冰淇淋產品，La Maison du Chocolat、Pierre Hermé、Blé Sucré、Kayser、À la Mère de Famille只是其中幾家。

Berthillon

Amorino
GELATO AL NATURALE

GLACE ARTISANALE

法式黑巧克力冰淇淋

FRENCH-STYLE RICH DARK CHOCOLATE ICE CREAM

這份簡單的冰淇淋食譜讓你在家也能做出著名冰淇淋店Bertillon的濃郁巧克力口味，讓人吃了上癮，停不下來。如果你有冰淇淋機，做起來會輕鬆許多；如果沒有，就捲起袖子讓手臂運動一下吧！

份量：4 人份

125 克（4 ½ 盎司）苦甜黑巧克力
1 條香草莢或 2 茶匙濃縮香草精
225 毫升（225c.c.）全脂鮮奶
5 顆蛋黃
75 克（2 ¾ 盎司）細砂糖
1 湯匙可可粉
200 毫升（200c.c.）高脂鮮奶油

用鋒利的刀子將巧克力切成約5公釐（1/5 吋）的碎片。

先製作奶霜：將香草莢用刀横向對切，用刀背刮出香草籽。將香草莢、香草籽和牛奶倒進平底鍋，用小火煮沸，放置一旁數分鐘以便降溫和冷卻，同時讓香草莢更入味。

在大攪拌碗中，將蛋黃和糖打發至淺米黃色。這時先將香草莢從牛奶中取出，再把溫熱的牛奶倒進蛋液，攪拌至均勻。

把大攪拌碗中的混合液倒回平底鍋，加入可可粉，慢慢加熱。不斷用木匙攪拌，直到卡士達開始附著在湯匙上且質地明顯變稠。將鍋子移開火爐，把巧克力碎片拌入，利用餘溫將巧克力完全融化。把巧克力卡士達放置一旁直到冷卻，加入打發的鮮奶油，由下往上將鮮奶油翻拌進卡士達。

將混合物倒進冰淇淋機中，開始攪拌。攪拌完畢後，把冰淇淋取出，放入保鮮盒冷凍至硬化。如果沒有冰淇淋機，把巧克力卡士達裝在金屬鍋中冰凍，每隔15分鐘取出攪拌一次直到完全冷凍。

LAIT
PASTEURISÉ
METROPOLITAIN
ASSEMBLÉE N TIONALE
ERY BAD TRIP 2
CHOCOLATIER • CONFISEUR
21
LEFEVRE-UTILE
35

JUILLET

手工黑醋栗冰砂佐

HOMEMADE BLACKCURRANT SORBET

傳統的法式冰砂可輕易在家嘗試，當作穿插在飯後起司盤和甜點中間的清爽小品；加上黑醋栗更增添法國風情。最好使用新鮮黑醋栗（也可以留一些做裝飾），這樣香氣才夠味，但冷凍的當然比較容易取得。上桌前二十分鐘把冰砂拿出來退冰，可呈現最佳狀態。

份量：6 人份

450 克（1 磅）新鮮或冷凍黑醋栗
150 毫升（150c.c.）飲用水
30 克（1 盎司）細砂糖
1 顆蛋白（選擇性使用）

用清水洗黑醋栗，去蒂。把黑醋栗、飲用水和細砂糖放入平底鍋中，小火燜煮約 4 ～ 5 分鐘，讓果粒稍微吸水軟化，在果粒爆開前就可以離火。用木湯匙攪拌呈液狀，然後用濾網過濾掉渣滓。

將果泥倒入冰淇淋機，攪拌至凝結；沒有機器則可以用手動。把果泥裝在保鮮盒中，放入冰箱冷凍庫，每 15 分鐘用叉子刮成碎冰一次，重複去除所有冰塊結晶，讓冰砂成為滑順的質地。

如果沒有冰淇淋機，為了讓冰砂質地較為輕盈，可用電動打蛋器打發一顆蛋白至硬挺，在完全冷凍前加進果泥，再次攪拌後再冷凍。

7

巴黎糖果屋

Confiserie—Favourite Parisian Confectionery

「confectionery」一詞涵括所有糖製品，但在這裡我要討論是我們稱為「糖果」的各式點心，法國人稱之為「confiserie」或「bonbon」。自從法式飲食中有了糖，所有廚師都絞盡腦汁想出各種利用這個食材的方法，當然也受到其他文化的影響。所謂**花色小蛋糕**（petit four），法文原意是「小烤箱」，但指涉到甜點時則意指各種迷你小甜點，可以是馬卡龍、蛋糕、費南雪或巧克力糖等。花色小蛋糕看似相當法國，起源卻很東方。普羅旺絲的名產**卡里頌杏仁餅**（Calisson）源自義大利，**牛軋糖**（nougat）來自波斯，而**糖衣杏仁**（dragée）本來應該是希臘食物。

雖然法式糖果來自世界各地，最後都聚集在巴黎這個世界甜品首選之都，有咬了下顎會痛的硬糖果、柔軟多汁的水果軟糖、蜜餞、甘草糖、棉花糖、巧克力軟糕、太妃糖，還有深受歡迎的焦糖。

糖果行家到了巴黎有許多地方可尋寶，第一站一定要去第9區的À La Mère de Famille，位在Faubourg Montmartre路上。成立於1761年，是巴黎最有味道的店面之一，店內的馬賽克瓷磚地板、美麗的吊燈、古老的外牆和裝飾的古董標牌全都是這家店迷人的細節。這家店是Marie Adelaïde Bridault命名的，有四個小孩的她在丈夫去世後接管了這間店，並將品牌擴大為法國眾所周知的糖果店。這間旗艦店很可能是全歐洲最古老的糖果店，到今天還保留著許多古早的糖果種類，如蜜餞、糖漬栗子、卡里頌杏仁糖、焦糖、法式棉花糖等。這裡的巧克力和獨家創意商品也非常受歡迎，他們的冰淇淋也令人回味無窮，尤其是薄荷巧克力口味。

另外還有讓大家流連忘返的L'Etoile d'Or，這間特色巧克力和糖果店位在蒙馬特，由熱情、有個性的Denise Acabo經營。如果想要用糖果遊法國，可以去第5區的Le Bonbon au Palais找店主喬治，那邊有法國最好吃、來自瑪茜城的果仁糖。

面對這麼多選擇，我決定只要專心介紹我的三種最愛：**糖漬栗子**、**水果軟糖**和**鹽焦糖**！

A LA MERE DE FAMIL

Marrons Glacés and Pâte de Fruits

糖漬栗子和法式水果軟糖

在巴黎玩耍時，誰能抵擋這一顆顆糖晶般漂亮的糖漬栗子呢？沒人能對這些栗子說不。糖漬栗子是放縱的極限，是恰好甜、濃郁、有嚼勁、帶香草味的小寶石。

連華麗金色包裝紙上最後一滴的美味糖漬，你都不想放過。因為季節性和繁瑣的備料，一顆栗子就需要四天的製作過程，所以每顆都價值不菲，但我個人認為每分錢都值得。不要說我沒警告你喔！

用糖醃漬栗子的想法極可能來自十六世紀義大利的皮埃蒙特城，然而如同許多美味佳餚，糖漬栗子是由法國廚師改良到我們今日熟悉的版本。里昂距離最好的栗子產區不遠，基於地理優勢，過去三百年都是糖漬栗子貿易的重鎮。工程師Clément Faugier的貢獻除了橋梁設計，也是在十九世紀將糖漬栗子現代化的奇才。他在隆河—阿爾卑斯山區建立了這個至今仍然蓬勃發展的美食行業。

要在巴黎找到好吃的糖漬栗子並不難，但一定要在對的季節，從每年十月到隔年三月。依照傳統，聖誕節和新年都要吃糖漬栗子，因此經常馬上銷售一空。Pierre Hermé、La Maison du Chocolat、Fauchon都有名列巴黎最好吃的栗子，Hédiard 也是不錯的選擇，就算沒有要吃栗子，也應該到此一訪。如果你想要買一大堆不只是栗子的甜品，那就要去一趟À La Mère de Famille，享受在這個老式糖果店購物的體驗。

水果軟糖是法國的特產，起源大概可追溯到中世紀的黑暗時期。這些半透明的多彩水果糖帶有果香，酸甜又有嚼勁，讓人體會到多重感受。一盤盤水果軟糖總是像寶石般被展示在高級甜品店的櫃台上，在糕點店、巧克力店、美食店都看得到這些閃爍的身影。水果軟糖是用濃縮水果泥、吉利丁，加上一大堆蔗糖凝固後，再裹上一層磨砂般的特製碎糖，有數不清的多種口味，看是要一般後院種植的水果或海島異國的水果都有，讓人每每無法在芒果、布拉斯李子、莫雷氏黑櫻桃、百香果、鳳梨、榲桲、荔枝、小柑橘、椰子、黑醋栗、無花果等各種口味中做出抉擇。

那麼，巴黎哪裡可以買到最好吃的水果軟糖呢？我推薦到Jacques Genin質樸的瑪黑店面選購，店員會幫你將一塊塊的果膠寶石裝進精美的鋁錫盒。Patrick Roger 的也不錯，但若想要吃到最富含果香的軟糖，瑪德蓮教堂外的Fauchon 和 Hédiard 是你的最佳選擇。

1854
HEDIARD
PARIS
VINS FINS
FABRIQUE DE CHOCOLATS
Bonbons saveur Violette

巧克力水果乾

CHOCOLATE-DIPPED DRIED FRUIT

巧克力水果乾製作起來非常簡單，看起來卻又相當豐盛華麗，很適合作為自家宴客的招待點心。可以用任何果乾來製作：李子、杏桃、無花果、奇異果、棗子、鳳梨，無限可能！秘訣是巧克力的溫度，其實不會很複雜，不要擔心，記得保持「冷靜」。如果你打算常常做巧克力，巧克力溫度計是必備的好幫手，有它就好辦事！

份量：約 20 塊

20 塊左右綜合水果乾
100 克（3 ½ 盎司）苦甜黑巧克力
100 克（3 ½ 盎司）牛奶巧克力

將兩份巧克力切或剝成小塊狀。

將 ⅔ 的巧克力放入耐熱碗中，架上鍋子隔水加熱，切記碗的底部不要直接接觸到鍋底以免燒焦。

當所有巧克力慢慢融化時，關火並將碗移開，用乾淨的布巾將碗底包住保溫。加入剩餘的 ⅓ 巧克力塊，放入溫度計，攪拌至均勻，當巧克力漿降至 31℃～ 32℃（88 ℉～ 90 ℉）時，即可使用。在大烤盤上鋪上鋁箔紙。

用夾子或筷子夾取水果乾沾上巧克力漿，但只要沾取一半即可，保留一半果乾露出。把沾上巧克力的果乾放在鋁箔紙上，在常溫中冷卻，成品表面會帶有光澤。

Caramels

焦糖

對焦糖的熱潮持續在巴黎狂熱發酵，讓我差點就把它列入甜品時尚和潮流的章節。不過我懷疑法國人對這個經典甜品的愛其實從未消失，一直都在。從中世紀開始，法國的小孩都是吃這種太妃糖長大的。焦糖的誕生地是專門出產奶油、鮮奶油、鹽之花海鹽的布列塔尼地區，這陣子的鹽奶油焦糖熱潮更結合了當地所有名產。鹽焦糖從十九世紀開始就在法國著名的雷島（Île de Re）上販售，最初的包裝是藍色和金色的鐵罐。

糖、奶油和鮮奶油這個奢侈的組合數世紀以來都是廚師隨手可得的食材，在增添了些許海鹽後，吃這麼甜的東西好像就不會覺得這麼內疚，那一丁點海鹽幾乎就把焦糖的甜合理化了。雖然如此，鹽奶油焦糖還是非常甜膩！不過，海鹽的救贖力量幾乎將鹽奶油焦糖變成現在巴黎甜品必備的成分。在冰淇淋、馬卡龍（如Pierre Hermé的代表作）、甜點、麵包糕點、調酒都嘗得到那鹹甜交錯的口味，連在蠟燭裡也能聞到！

巴黎隨時隨地都可以滿足你的焦糖癮，所有的糖果舖、巧克力專賣店和各式甜品商都不會放過這個潮流。要找較柔和、奶油味重的焦糖，就要去瑪黑的Jacques Genin，那邊的口味千變萬化，有百香果、芒果、肉桂、開心果、甘草等。若要嘗試傳統的布列塔尼焦糖，便要到蒙馬特的L'Etoile d'Or，老闆Denise Acabo販售全國最受敬重的糖果店Henri Le Roux出產的著名焦糖，而且她會熱情地抓著你的手說這種焦糖是如何好吃！同樣的焦糖也可以在Le Bonbon au Palais找到。Meert也是另一間有趣的傳統糖果店，在他們位在rue Elzévir和rue du Parc Royal轉角的店面也販售一系列的焦糖。

Caramel au sel
de camargue
Confiserie Boudet Pézenas
Caramel
mirabelles
CARAMELS
café
ONCIERGE
GAZ
3 BIS
PASSAGE VERDEA
Café

經典鹽奶油焦糖

CLASSIC CARAMEL AU BEURRE SALÉ

有了這個食譜，在家也能做出法國糖果店裡的正統焦糖。煮的過程要特別小心，得不停攪拌，因為糖加熱起來速度很快，一不注意就會過熱燒焦。用含鹽奶油或無鹽奶油都可以，如果用後者，請再自行加一小撮鹽進去就可以囉！切記，最好一定要用糖果溫度計！

份量：約24塊

200 毫升（200c.c.）高脂鮮奶油

80 克（2 ¾ 盎司）鹽奶油，常溫切丁，外加

1茶匙濃縮香草精

1茶匙海鹽，建議使用法國鹽之花

160 克（5 ⅔ 盎司）轉化糖漿

200 克（7 盎司）細砂糖

準備一個23公分（9吋）的烤盤，鋪上烘焙紙並塗上薄薄一層奶油。用小平底鍋加熱高脂鮮奶油和一半的鹽奶油（40克），加入香草精和海鹽，煮滾後再將鍋子移開火爐，放置一旁蓋上鍋蓋保溫。

用中型厚平底鍋加熱轉化糖漿和砂糖，持續攪拌至均勻。加熱到155℃（310℉），用糖果溫度計測量。將鍋子傾倒，讓溫度計的底端完全浸泡在糖漿裡，比較能夠精準測量。

把溫度計留在鍋內，同時關火，慢慢倒入先前煮好的溫熱奶油混合液，攪拌均勻。

再度開火，加熱到溫度計顯示127℃（260℉）。

取出溫度計，將鍋子移開火爐，加入另一半奶油，攪拌至完全融化進焦糖漿。把鍋中的糖漿倒入備好的烤盤，等待完全冷卻、硬化，再小心將整塊焦糖取出，用鋒利的刀切成小塊。

建議將每顆焦糖太妃各自用油紙包好，再裝入密封盒放置陰暗處，可保存3 ～4週。

MATCH
HOTEL

1
2
3
4
5
6
7

如何製作完美的法式塔皮

How to Make Perfect Pastry the French Way

我知道不是每個人都覺得自己做塔皮是一件有趣的事，所以這個食譜純粹是為了想自我挑戰的烘焙愛好者而準備。當然，用現成的塔皮也不是什麼丟臉的事，的確能讓烘焙的過程簡便許多。法式甜點有以下四種基本塔皮：

pâte feuilletée（puff pastry）：**酥皮**（又叫作千層酥皮），主要用於製作維也納糕點；pâte brisée：**脆餅酥皮**，直譯是碎掉的塔皮，是一種無糖塔皮，通常搭配鹹食內餡；pâte sucrée：用糖粉做的**甜塔皮**，適合水果塔和甜派；pâte sablée：**油酥甜塔皮**，有時會加入杏仁粉和濃縮香草提味，是所有塔皮中最酥脆的。面對這麼多種塔皮，你會發現這個食譜的奶油甜塔皮（算是甜塔皮的一種）很萬用，搭配本書中提到的各式蘋果、草莓和巧克力塔內餡都很適合。

預烤塔皮

直徑約 24 公分（9 ½ 吋）

厚度約 2 到 3 公分（1 吋）

200 克（7 盎司）中筋麵粉，外加一些撒在工作檯

一小撮海鹽

75 克（2 ¾ 盎司）細砂糖

90 克（3 盎司）無鹽奶油，切丁、冷凍

2 顆雞蛋黃，常溫

1. 將麵粉和海鹽過篩，放進大碗，倒入細砂糖。
2. 將麵粉、砂糖和奶油揉到完全均勻。為了讓夠多的空氣進入，不要捏太緊，要持續將麵粉由碗底撈起再放回，直到看起來像麵包屑。
3. 用圓刀（例如奶油刀）把蛋黃攪拌進碗裡。
4. 接下來，用扁刀或手，將碗中所有食材集結成一大球軟麵團。
5. 在工作檯上撒上麵粉，用手將麵團微微揉開到沒有顆粒。用保鮮膜包住麵團放入冰箱冷藏 30 分鐘（也可冷凍起來之後再用）。
6. 將烤箱預熱到 180℃／350 ℉／瓦斯烤箱溫度 4。再次在檯面和擀麵棍上撒上麵粉以防沾黏，將塔皮擀開到比烤盤稍大，厚度約 3 ～ 4 公釐（⅙ 吋）。
7. 用擀麵棍將塔皮鋪進刷好油的烤盤中。確定中心點定位後，將塔皮向下壓緊，切掉露出烤盤的多餘塔皮。用叉子輕輕在塔皮底部戳洞。將塔皮和烤盤先冷藏兩小時再烤，可避免塔皮在烘烤時縮小。
8. 從冰箱將烤盤取出，在塔皮上覆蓋一張烘焙用紙，倒入壓派石（或者生米或豆子）壓住塔皮，進烤箱預烤十分鐘。將紙和壓派石取出，再烤十分鐘或至塔皮表面呈現金黃色即完成。從烤箱取出，待完全冷卻再加入各式內餡，也可冷藏保存。

GATEAUX & PAIN
Glacier
Berthillon
Depuis 1954
Pâtissier
Boulanger
HUGO & VICTOR
PATISSERIE · CHOCOLATERIE
PARIS
Chocolaterie
JEAN-CHARLES ROCHOUX
Synie's
cupcakes
Poilâne
Poilâne
DEPUIS 1730
BOULANGERIE
Stohrer

Bonne Adresses à Paris

巴黎甜點店家總集

以下是我的巴黎最愛店家，私心想與讀者分享這些高水準的甜點專賣店，看你是要找有特色的巧克力、糕點、糖果或可以坐下來享受的茶室，都可以參考一下！這不是品嘗巴黎甜點美食的唯一清單，但都是我平日最愛去吃吃逛逛的地方。建議可先打電話預約或上官網查詢各店面的營業時間。

我心目中的前十名

Pierre Hermé
皮耶・艾曼

72 rue Bonaparte, 75006 Paris
+33 (0)1 43 54 47 77
地鐵站：*Saint-Sulpice*
www.pierreherme.com

Pierre Hermé 最著名的是各式口味的馬卡龍，同時也是巴黎頂尖的全方位巧克力、糖果和糕點大師。本旗艦店內販售全系列商品，從巧克力磚到麵包糕點，巴黎也有其他分店。

Patrick Roger
派翠克・羅傑

108 boulevard Saint-Germain, 75006 Paris
+33 (0)1 43 29 38 42
地鐵站：*Odéon*
www.patrickroger.com

被稱為巧克力界「野孩子」，Patrick Roger 是我最崇拜的巧克力大師。他創意無限，總是研發出令我感受深刻、超越眾人的獨特口味。共有五家分店散布巴黎，這麼方便，更不容錯過！

Gérard Mulot
傑羅德・謬羅

76 rue de Seine, 75006 Paris
+33 (0)1 43 26 85 77
地鐵站：*Odéon*
www.gerard-mulot.com

受當地人喜愛的傳統麵包糕點坊，店內也販售各式巧克力和糖果，更有許多季節性甜點，尤其是復活節時的特色商品。若在左岸閒晃，別忘了到 Mulot 先生的店採購！

Blé Sucré

7 rue Antoine Vollon, 75012 Paris
+33 (0)1 43 40 77 73
地鐵站：*Ledru-Rollin*

由夫婦檔 Fabrice Le Bourdat 和太太經營，位在巴士底監獄附近。這是一間不做作的樸實家庭烘焙坊，店內的瑪德蓮和可頌是明星商品，但其實所有糕點都非常好吃。強力推薦 Blé Sucré ！

Des Gâteaux et du Pain

63 boulevard Pasteur, 75015 Paris
+33 (0)1 45 38 94 16
地鐵站：*Pasteur*
www.desgateauxetdupain.com

Claire Damon 小姐是一位奇才，過去曾與 Pierre Hermé 及多位大師一起工作，她的甜點創作將她的能力展露無遺：充分掌握經典的精髓卻又富有新穎的元素。
除了蛋糕，其他麵包糕點也是巴黎屬一屬二的好味道，絕對值得去一趟第 15 區！

Du Pain et des Idées

34 rue Yves Toudic, 75010 Paris
+33 (0)1 42 40 44 52
地鐵站：*République* 或 *Jacques Bonsergent*
www.dupainetdesidees.com

聖馬丁運河旁的麵包店，琳琅滿目的品項和親切的員工營造出名副其實，充滿「麵包和靈感」的愜意氛圍。目前由獲獎無數、曾被美食指南 Gault-Millau 評選為年度烘焙師傅的 Christophe Vasseur 主導，我推薦蘋果千層派、香蕉巧克力可頌和各式的葡萄乾蝸牛捲。盡量提早，不然可能買不到想要的噢！

Pain de Sucre

14 rue Rambuteau, 75003 Paris
+33 (0)1 45 74 68 92
地鐵站：*Rambuteau*
www.patisseriepaindusucre.com

這家在瑪黑區內的前衛糕點店有一群忠心的擁護者，主打商品為入口即化的法式棉花糖，尤其是「橙花」口味。經典款的糕點到這邊都會加入大膽新奇的口味或水果，像蘭姆巴巴或香料麵包都是其他地方沒有的獨特口味。

Poilâne
普瓦蘭

8 rue du Cherche-Midi, 75006 Paris
+33 (0)1 45 48 42 59
地鐵站：*Sèvres Babylone*
www.poilane.com

全球知名的麵包精品品牌，這家巴黎創始店（也是旗艦店）不只販售招牌麵包，也有糕點類的品項可以選擇，包含鄉村風味蘋果塔或名為「懲罰」（punitions）的奶油小餅乾。除了市區的三間直營店，Poilâne 麵包類產品

巴黎甜點
店家總集

也可在許多巴黎高級美食商店找到。

À La Mère de Famille

34-35 rue de Faubourg Montmartre,
75009 Paris
+33 (0)1 47 70 83 69
地鐵站：*Cadet, Le Peletier* 或 *Grands-Boulevards*
www.lameredefamille.com

巴黎最古老、也是最漂亮的糖果巧克力店，從 1761 年起就在這個原址營業。這裡不只是體驗懷舊時光的好去處，店內的巧克力冰淇淋也非常值得一試！

Carette
卡瑞特

4 Place du Trocadero,
75016 Paris
+33 (0)1 47 27 98 85
25 Place des Vosges,
75003 Paris
+33 (0)1 48 87 94 07
www.carette-paris.com

是糕點店，也是茶室，古典的 Carette 深受巴黎上流社會和時尚圈的喜愛。我個人非常喜歡在孚日廣場的寬敞茶室， 可以同時享受廣場的文藝氣息和招牌閃電泡芙，生活可以如此悠閒！也可以到特洛卡德羅（Trocadero）分店享受早餐搭配無敵巴黎鐵塔美景。

我最愛的其他巧克力店

Debauve et Gallais
黛堡嘉萊

30 rue des Saint Pères,
75007 Paris
+33 (0)1 45 48 54 67
地鐵站：*St-Germain-des-Prés*
www.debauveandgallais.com

巴黎最老的巧克力專賣店。即便法國在 1792 年已成為共和國，Debauve et Gallais 仍然是法國皇室御用首選。文學作家巴爾札克、普魯斯特和美食作家布里亞・薩瓦蘭（Brillat-Savarin）都曾在此選購巧克力！

Jacques Genin
雅克・格寧

133 rue de Turenne,
75003 Paris
+33 (0)1 45 77 29 01
地鐵站：*République* 或 *Filles du Calvaire*

Genin 先生是手藝非凡的巧克力和糕點大師，他其實應該在前十名排行榜中！在他瑪黑區低調奢華的精品店內，展示台上看得到各式精采糕點，焦糖千層酥會讓你捨不得離開！

Jean-Charles Rochoux
尚查爾・羅奇

16 rue d'Assas,
75006 Paris
+33 (0)1 42 84 29 45
地鐵站：*Rennes*
www.jcrochoux.fr

另一位手工巧克力大師，店內販售包裝精緻的巧克力糖和巧克力磚。推薦鑲入整顆焦糖裹榛果的塊狀巧克力。

Jean-Paul Hévin
尚保羅・艾凡

231 rue Saint-Honoré,
75001 Paris
+33 (0)1 55 35 35 96
地鐵站：*Concorde* 或 *Tuileries*
www.jphevin.com

巴黎市區有多家分店，堅持使用高品質原料製作不失創意的樣式和口味。聖奧諾雷店的二樓有獨家的「巧克力吧」，逛街累了可以坐下來享用一杯熱可可。

La Maison du Chocolat

52 rue François 1er,
75008 Paris
+33 (0)1 47 23 38 25
地鐵站：*George V*
www.lamaisonduchocolat.com

世界知名巧克力專賣店，在巴黎各區有多家分店。挑選伴手禮之餘，可以在店內品嘗超濃郁熱巧克力。

Michel Cluizel
米歇爾・柯茲

201 rue Saint-Honoré,
75001 Paris
+33 (0)1 42 44 11 66
地鐵站：*Tuileries*
www.cluizel.com

經典巴黎巧克力地標，有各式巧克力磚和單顆巧克力。現已由他的女兒凱薩琳繼承。

Pierre Marcolini
皮耶・瑪歌尼尼

89 rue de Seine,
75006 Paris
+33 (0)1 44 07 39 07
地鐵站：*Mabillon*
www.marcolini.com

比利時著名的巧克力大師，作品帶有法式情懷元素，伯爵茶甘納許令人印象深刻。

Pralus
譜樂斯

35 rue Rambuteau,
75004 Paris
+33 (0)1 48 04 05 05
地鐵站：*Rambuteau*
www.chocolates-pralus.com

François Pralus 先生是巧克力界的探險家，精選各國產區的巧克力磚和單顆巧克力。店內最出名的產品是美味的

CHOCOLAT
UVE & GALLAIS
CORDONNERIE
LE MILLE PATES
Depuis 1963
Plats Chauds Cuisinés
Pates Fraiches
8
BACQUEVILLE
ORDRES
FRANÇAIS
ET
ÉTRANGERS
BAC
RUE DU PARC ROYAL
MEERT
CONFISEUR
OULANGER
UN DIMANCHE À PARIS

VILLATTE

巴黎甜點
店家總集

布里歐夾杏仁果餡，取名為「Praluline」，也可以試試「熱帶金字塔」巧克力。

我最愛的其他糕點店

Sadaharu Aoki
青木定治

35 rue de Vaugirard,
75006 Paris
+33 (0)1 45 44 48 90
地鐵站：*Rennes*
www.sadaharuaoiki.com

極具天分的糕點大師，巧妙融合法式糕點和日式和菓子，像芝麻閃電泡芙或抹茶歌劇院蛋糕。目前巴黎有三間分店。

Dalloyau

101 rue du Faubourg Saint-Honoré,
75008 Paris
+33 (0)1 42 99 90 00
地鐵站：*Saint-Philippe du Roule* 或 *Franklin Roosevelt*
www.dalloyau.fr

以歌劇院蛋糕和多樣化精品糕點出名，大型連鎖性的品牌，在巴黎各區有多家分店。

Hugo & Victor

40 boulevard Raspail,
75007 Paris
+33 (0)1 44 39 97 73
地鐵站：*Sèvres Babylone*
www.hugevictor.com

新加入左岸第 7 區黃金地段的店面，深具設計感的店內陳列各式美味的誘惑，在 Marche Saint-Honoré 也有分店。Pouget 先生的瑪德蓮和季節性蛋糕都非常受歡迎。

La Pâtisserie des Rêves
夢幻甜點

93 rue du Bac,
75007 Paris
+33 (0)1 42 84 00 82
地鐵站：*Sèvres Babylone*
www.lapatisseriedes reves.com

Philippe Conticini大師的絕技便是將經典糕點改造成現代化版本。五顏六色的店就如店名一樣夢幻，不要錯過噢！

Carl Marletti
卡爾馬列堤

51 rue Censier,
75005 Paris
+33 (0)1 43 31 68 12
地鐵站：
Censier-Daubenton
www.carlmarletti.com

要找巴黎最好吃的檸檬塔，來這裡就對了！獲獎無數的Marletti先生店裡的麵包糕點和巧克力是巴黎首屈一指的好味道。

Jean Millet
尚米勒

103 rue St. Dominique,
75007 Paris
+33 (0)1 45 51 49 80
地鐵站：*École Militaire*

看似普通的家庭式小型糕點店，卻有非常多的粉絲。最喜歡他們的巧克力可頌和檸檬塔，還有巴黎最好吃的蒙布朗之一！

Rollet Pradier

6 rue de Bourgogne,
75007 Paris
+33 (0)1 47 05 77 08
地鐵站：
Assemblée Nationale
www.pradierparis.com

典雅的店內販售麵包糕點，也有茶室可以內用輕食，與對街法國國會下議院一樣散發著經典氣勢。

Stohrer

51 rue Montorgueil,
75002 Paris
+33 (0)1 42 33 38 20
地鐵站：*Étienne Marcel*
www.stohrer.fr

巴黎最古老的糕點店，有非常有趣迷人的歷史。最有名的是蘭姆巴巴，但閃電泡芙也驚為天人！

Vandermeersch

278 avenue Faumesnil,
75012 Paris
+33 (0)1 43 47 21 66
地鐵站：*Porte Dorée*

有巴黎糕點店舖最美麗的外觀，這裡的千層酥和咕咕霍夫蛋糕讓大家心甘情願坐車到第 12 區。

茶室

Angelina
安潔莉娜

226 rue de Rivoli,
75001 Paris
+33 (0)1 42 60 82 00
地鐵站：*Tuileries*
www.angeline-paris.fr

眾星雲集的名店，已成為巴黎觀光景點。復古的店面宛如踏進過去的美好時代，蒙布朗和「非洲」熱巧克力是店內招牌，盡量趁早過去，避開大排長龍的用餐人潮。

Ladurée
拉杜蕾

16 rue Royale,
75008 Paris
+33 (0)1 42 60 21 79
地鐵站：*Concorde* 或 *Madeleine*
www.laduree.fr

Ladurée 奇幻浪漫的空間是最適合品嘗馬卡龍和各式精緻甜點的去處，品牌的精美包裝也是一大賣點。其他分店分別在 75 Avenue Champs-Elysée, 75008 和 21 rue Bonaparte, 75006。

巴黎甜點
店家總集

糖果店

L'Étoile d'Or
30 rue Fontaine,
75009 Paris
+33 (0)1 48 74 59 55
地鐵站：*Blanche*

店主 Denise Acabo 古靈精怪的品味讓來過這間店的人都難以忘懷，因為一切都像童話故事裡的糖果屋。特別推薦 Bernachon 巧克力和 Henri La Roux 的鹹奶油焦糖醬。

Meert
16 rue Elzevir,
75003 Paris
+33 (0)1 49 96 56 90
地鐵站：*Saint-Paul*
www.meert.fr

創始於里拉，Meert 在巴黎瑪黑區的分店是復古風格的巧克力和糖果舖。

Le Bonbon au Palais
19 rue Monge,
75005 Paris
+33 (0)1 78 56 15 72
地鐵站：*Maubert Mutualité*
www.bonbonsaupalais.fr

風趣的店主喬治很樂意與客人分享法國各地特色糖果，帶大家重拾兒時回憶的味道。他這裡也有標榜法國最讚、來自瑪西城（Mazet）的杏仁糖。

美食專賣店

Fauchon
24-26 Place de la Madeleine,
75008 Paris
+33 (0)1 70 39 38 00
地鐵站：*Madeleine*
www.fauchon.com

Fauchon 是巴黎的美食地標，說到吃，就一定要來這邊尋寶！精緻的甜點區展示各式花俏的閃電泡芙和繽紛馬卡龍，熟食區也非常精采，有時間可以坐下來享用午餐。

Hédiard
21 Place de la Madeleine,
75008 Paris
+33 (0)1 43 12 88 88
地鐵站：*Madeleine*
www.hediard.com

這家旗艦店是我個人最愛來採購的商店，保證來過一次就會無可自拔！各種口味的水果軟糖是公認全法國最好吃的，糖漬栗子是另一明星商品，大紅色標誌的包裝也是送禮的好選擇！

La Grand Epicerie du Bon Marché
38 rue de Sèvres,
75007 Paris
+33 (0)1 44 39 81 00
地鐵站：*Sèvres Babylone*
www.lagrandeepicerie.fr

在這家「超市」購物是一種非凡的體驗，喜愛美食的各位絕對要來朝聖，除了高水準的麵包糕點區，更有巴黎最講究的酒窖之一。食品品項多得讓人眼花撩亂，統統想帶回家！

杯子蛋糕店

Chloé.S
40 rue Jean-Baptiste Pigalle,
75009 Paris
+33 (0)1 48 78 12 65
地鐵站：*Pigalle*
www.cakechloes.com

充滿童趣的店面全以粉紅色布置，老闆 Chloe 的蛋糕也都超級可愛，杯子蛋糕控不要錯過喲！

Synie's Cupcakes
23 rue de l'Abbé Grégoire,
75006 Paris
+33 (0)1 45 44 54 23
地鐵站：*Sèvres Babylone* 或 *Saint Placide*
www.syniescupcakes.com

店裡隨時隨地都充滿歡樂的氣息，吃到蛋糕更會立刻被傳染到好心情！獨家限定商品是鹹口味杯子蛋糕，值得放手一試。

相關網站

www.chloe-chocolat.com
Chloé Doutre-Roussel 小姐是世界級的巧克力鑑賞專家，個人官網上販售她精心挑選來自各產區的頂級巧克力磚。若旅遊時間許可，推薦報名參加她帶領的巴黎巧克力之旅，品嘗全巴黎最好的巧克力。

www.davidlebovitz.com
David Lebovitz 是來自美國的作家和部落客，對法國飲食文化充滿熱情，以詼諧幽默的文筆帶領讀者挖掘巴黎的美食景點。

TOURRETTE
FE ROUGE
restaurant
bar
es mon seul maître
amour !

Index

索引

紅色字體為店家地址資訊

國家圖書館預行編目

甜蜜巴黎——美好的法式糕點傳奇、食譜和最佳餐廳／麥可保羅編著；夏綠翻譯 .---- 出版 ----
台北市：朱雀文化，2014.11
面：公分 .（LifeStyle；033）
ISBN 978-986-6029-74-5
1. 點心食譜　2. 巴黎

427.16

LifeStyle 033

甜蜜巴黎

美好的法式糕點傳奇、食譜和最佳餐廳

文字＆攝影　麥可保羅
翻譯　夏綠
文字編輯　溫芳蘭
美術編輯　黃祺芸
校對　連玉瑩
行銷企畫　林孟琦
企畫統籌　李橘
總編輯　莫少閒
出版者　朱雀文化事業有限公司
地址　台北市基隆路二段 13-1 號 3 樓
電話　（02）2345-3868
傳真　（02）2345-3828
劃撥帳號　19234566 朱雀文化事業有限公司
e-mail　redbook@ms26.hinet.net
網址　http://redbook.com.tw
總經銷　大和書報圖書股份有限公司（02）8990-2588
ISBN　978-986-6029-74-5
初版一刷　2014.11

定價　320 元

About 買書：

●朱雀文化圖書在北中南各書店及誠品、金石堂、何嘉仁等連鎖書店均有販售，如欲購買本公司圖書，建議你直接詢問書店店員。如果書店已售完，請電話洽詢本公司。

●●至朱雀文化網站購書（http://redbook.com.tw），可享 85 折起優惠。

●●●至郵局劃撥（戶名：朱雀文化事業有限公司，帳號 19234566），掛號寄書不加郵資，4 本以下無折扣，5 ～ 9 本 95 折，10 本以上 9 折優惠。

âtisserie ALEX

一 ～週日／12:00 ～20:30
2–2762–3236
北市忠孝東路四段553巷18號

無論內用／外帶，消費滿300元可得馬卡
龍乙顆；滿600元可得貳顆；依此類推
本優惠不可與其他優惠、集點活動合併使用）

日起至2015/4/30止

boîte de bijou

珠寶盒法式點心坊

週一 ～週日／10:00 ～21:00
安和門市／02–2739–6777
台北市安和路2段209巷10號1F
麗水門市／02–3322–2461
台北市麗水街33巷19號之1

珠寶盒法式點心坊購買貳個慕斯蛋糕，
即可免費獲贈義式黑咖啡乙杯
（本優惠不得折現亦不得與其他優惠活動同時使用；
珠寶盒法式點心坊保有活動更改的最後權利）

即日起至2015/4/30止

兔子洞。甜點工作室

週二～週六／13:00～20:00
週日／13:00～19:00
04–2375–0388
台中市西區五權西一街127號

內用享有九折優惠

日起至2015/4/30止

La Famille 法米法式甜點

向上店（近勤美誠品／草悟道）
11:00～19:00（每週二店休）
04–2301–1060
台中市向上路一段79巷16號

於店內消費任一款甜點，可享外帶黑咖
啡半價，僅適用於法米向上門市

即日起至2015/4/30止

e Canelé 露麗麗

四 ～週日／13:00～19:00
–214–1313
南市府連路38號

來店消費，
可獲得法式焦糖香草烤布蕾乙皿(原價170元)
消費當日產品完售，以同等值商品替代

日起至2015/4/30止

邊境法式點心坊

週一／11:00～21:00
週三～ 週日／11:00～21:00
03–831–5800
花蓮市明智街73號

任一款150元以下甜點+法國有機茶Løv
Organic(壺／杯) 套餐組合享有85折優
惠)，每張券限兌換乙套

即日起至2015/4/30止

Chloé.S